全国注册消防工程师资格考试教材配套用书——

消防安全案例分析考点速记
（2021 版）

全国注册消防工程师资格考试试题分析小组　编

机械工业出版社

本书共五篇，主要内容包括建筑防火，消防设施防火，其他建筑、场所防火，消防安全评估，消防安全管理。每章均对必考考点的具体内容进行了汇总和总结。本书将知识点归纳为一般考点、重要考点和高频考点。

本书涵盖了考试教材的重点，内容精练、重点突出、版式新颖、便于携带。本书适合参加全国注册消防工程师资格考试的考生使用，可帮助考生利用有限的时间随时学习，掌握考试的重点。

本书超值赠送真题及临考押题试卷。

关注微信公众号，随时随地用手机学习。

前　言

2021年全国注册消防工程师资格考试时间日趋临近，为了帮助考生利用零散、有限的时间掌握考试的重点，加深记忆，迅速提高应试能力，我们精心策划并组织了一批优秀的注册消防工程师考试辅导教师，编写了本套辅导用书。

"全国注册消防工程师资格考试教材配套用书"从便于考生快捷掌握易错易混知识的角度出发，采用新颖的图表对比方式，把必考知识点做了准确、全面的总结。

本书考点归纳总结是根据近年考试真题考查频次及考试大纲，将各章节命题知识点分为一般考点、重要考点和高频考点。一般考点是在今后考试中有可能会出现的考点；重要考点是易考考点，是需要考生重点掌握的考点；高频考点是几乎每年都会考查的考点。

本系列丛书具有的特点如下：

浓缩了教材中所有的精华内容,将重点、难点一网打尽,并充分考虑了试题的命题思路和方向,使考生对知识点的重要程度一目了然。

本书版面新颖、形式活泼,通过图文并茂的方式对重点内容进行总结,以求用更直观的方式阐述较复杂的、难以理解的知识,帮助考生轻松记忆考点。

携带方便是本系列丛书特色,考生可以充分利用零散的时间进行反复的记忆。考生谨记把书本随身携带,但千万不要带进考场。

虽然编者一再精益求精,但由于水平和时间有限,书中难免存在不妥之处,欢迎读者批评指正。

最后,衷心地祝愿各位考生能够考出好的成绩,顺利过关。

目录

前言

第一篇 建筑防火 ·· 1

 第一节 建筑防火的概述 ··· 1

  【一般考点】考点1 建筑火灾常见的原因及危害 ······································ 1

  【一般考点】考点2 建筑防火的技术方法 ··· 1

 第二节 生产、储存物品火灾危险性分类 ··· 3

  【重要考点】考点1 生产的火灾危险性分类 ·· 3

  【一般考点】考点2 储存物品的火灾危险性分类 ······································ 5

  【重要考点】考点3 同一座厂房或厂房的任一防火分区内有不同火灾
危险性生产时的火灾危险性确定 ·· 7

 第三节 建筑分类和耐火等级 ·· 8

  【重要考点】考点1 民用建筑的分类 ··· 8

【高频考点】考点 2	不同耐火等级建筑相应构件的燃烧性能和耐火极限(单位：h) ··· 9
【重要考点】考点 3	不同耐火等级厂房和仓库建筑构件的燃烧性能和耐火极限(单位：h) ··· 12
【一般考点】考点 4	建筑耐火等级检查 ······································· 14

第四节　建筑总平面布局和平面布置 ································· 16

【重要考点】考点 1	建筑选址 ··· 16
【重要考点】考点 2	常见企业总平面的布局 ································· 16
【重要考点】考点 3	建筑防火间距 ·· 17
【一般考点】考点 4	防火间距不足时的处理 ································· 22
【高频考点】考点 5	建筑平面布置要求 ······································· 23

第五节　灭火救援设施的布置 ··· 25

【一般考点】考点 1	消防车道的设置 ··· 25
【重要考点】考点 2	消防登高面、消防救援场地和灭火救援窗的设置 ··· 26

【重要考点】考点3　消防电梯的设置和检查 …………………………………… 26
【一般考点】考点4　直升机停机坪的设置 …………………………………… 27
第六节　防火分区 …………………………………………………………………… 28
【重要考点】考点1　民用建筑的防火分区 …………………………………… 28
【一般考点】考点2　仓库的防火分区 ………………………………………… 29
【重要考点】考点3　防火分区的设置 ………………………………………… 31
第七节　防烟分区 …………………………………………………………………… 33
【一般考点】考点1　防烟分区的面积划分及设置要求 ……………………… 33
【重要考点】考点2　防烟分区分隔措施 ……………………………………… 34
第八节　安全疏散 …………………………………………………………………… 34
【重要考点】考点1　不同场所疏散人数的确定方法 ………………………… 34
【重要考点】考点2　百人宽度指标的计算 …………………………………… 35
【重要考点】考点3　不同场所疏散宽度的确定 ……………………………… 35
【一般考点】考点4　安全疏散距离 …………………………………………… 36
【高频考点】考点5　安全出口、疏散出口的设置 …………………………… 37

【重要考点】考点6　疏散走道与避难走道的设置 ·············· 38

【重要考点】考点7　楼梯间的设置要求 ·············· 39

【重要考点】考点8　避难层(间)的设置 ·············· 41

【重要考点】考点9　逃生疏散辅助设施的设置 ·············· 42

第九节　建筑防爆 ·············· 42

【一般考点】考点1　建筑防爆措施 ·············· 42

【重要考点】考点2　爆炸危险性厂房、库房的布置 ·············· 44

【重要考点】考点3　泄压面积的计算 ·············· 45

【一般考点】考点4　抗爆计算 ·············· 45

第十节　建筑电气防火、防爆 ·············· 46

【一般考点】考点1　照明灯具防火 ·············· 46

【一般考点】考点2　电气装置防火 ·············· 47

【一般考点】考点3　电动机防火 ·············· 48

【一般考点】考点4　电气防爆检查的内容 ·············· 48

- 【重要考点】考点5　电气防爆的基本措施 …… 49
- 【重要考点】考点6　防爆电气设备的选用原则 …… 49

第十一节　建筑设备防火、防爆 …… 50

- 【一般考点】考点1　采暖设备、锅炉房、电力变压器本体的防火防爆措施 …… 50
- 【重要考点】考点2　通风与空调系统防火防爆的原则及措施 …… 51
- 【一般考点】考点3　燃油、燃气设施防火防爆措施 …… 53

第十二节　建筑装修和保温材料防火 …… 54

- 【重要考点】考点1　常用建筑内部装修材料燃烧性能等级的划分 …… 54
- 【一般考点】考点2　装修防火的通用要求 …… 54
- 【一般考点】考点3　高层、单层、多层公共建筑装修防火的基准要求 …… 56
- 【重要考点】考点4　建筑装修检查 …… 56
- 【高频考点】考点5　建筑外保温系统防火 …… 57

第二篇 消防设施防火 59
第一节 消防设施的概述 59
【一般考点】考点1 消防设施的设置要求 59
【重要考点】考点2 消防设施的安装调试与维护管理 60
第二节 消防给水设施 61
【重要考点】考点1 消防给水管网的试压、冲洗及维护管理 61
【重要考点】考点2 消防水泵设置要求、选用、串联、并联及吸水 62
【重要考点】考点3 消防水泵管路的设置与消防水泵检测验收 64
【一般考点】考点4 消防供水管道的布置要求 65
【重要考点】考点5 消防水泵接合器的设置要求 66
【高频考点】考点6 消防水池和消防水箱的设置 67
第三节 消火栓系统 68
【重要考点】考点1 室外消火栓的设置范围 68
【重要考点】考点2 室外消火栓系统的设置要求 69
【重要考点】考点3 室外消火栓的检测验收 70

【一般考点】考点4　室内消火栓系统的设置场所 …………………… 70

【高频考点】考点5　室内消火栓系统的设置要求 …………………… 71

【重要考点】考点6　室内消火栓系统的检测验收 …………………… 72

第四节　自动喷水灭火系统 …………………………………………………… 73

【重要考点】考点1　自动喷水灭火系统的概述 ……………………… 73

【重要考点】考点2　民用建筑和工业厂房采用湿式系统设计基本参数 … 75

【高频考点】考点3　自动喷水灭火系统主要组件及设置要求 ……… 76

【重要考点】考点4　自动喷水灭火系统联动调试与检测 …………… 78

【重要考点】考点5　自动喷水灭火系统报警阀组功能检测要求 …… 79

【高频考点】考点6　湿式报警阀组常见故障分析 …………………… 80

第五节　水喷雾灭火系统 ……………………………………………………… 82

【一般考点】考点1　水喷雾灭火系统的灭火机理及适用范围 ……… 82

【重要考点】考点2　水喷雾灭火系统设计参数 ……………………… 83

【重要考点】考点3　水喷雾灭火系统组件及设置要求 ……………… 83

【一般考点】考点4　水喷雾灭火系统调试方法 ………………………………… 84

【重要考点】考点5　水喷雾灭火系统检测与验收 ………………………………… 84

第六节　细水雾灭火系统 ………………………………………………………………… 85

【一般考点】考点1　细水雾的灭火机理 …………………………………………… 85

【重要考点】考点2　细水雾灭火系统的适用情况 ………………………………… 86

【一般考点】考点3　细水雾灭火系统组件及设置要求 …………………………… 86

【一般考点】考点4　细水雾灭火系统供水设施安装要求 ………………………… 87

【一般考点】考点5　细水雾灭火系统管网试压、吹扫要求 ……………………… 88

【重要考点】考点6　细水雾灭火系统常见故障分析 ……………………………… 89

第七节　气体灭火系统 …………………………………………………………………… 90

【一般考点】考点1　气体灭火系统的应用 ………………………………………… 90

【重要考点】考点2　气体灭火系统设置的安全要求 ……………………………… 91

【一般考点】考点3　其他气体灭火系统的操作与控制 …………………………… 92

【一般考点】考点4　气体灭火系统组件的安装要求 ……………………………… 93

【重要考点】考点5　气体灭火系统调试要求 ·················· 94

【重要考点】考点6　气体灭火系统检测 ······················ 95

第八节　泡沫灭火系统 ·· 96

【一般考点】考点1　泡沫灭火系统的灭火机理 ················ 96

【重要考点】考点2　泡沫灭火系统选择的基本要求 ············ 97

【一般考点】考点3　泡沫灭火系统的设计要求 ················ 97

【重要考点】考点4　泡沫灭火系统组件的安装要求 ············ 98

【一般考点】考点5　泡沫灭火系统组件调试 ·················· 99

第九节　干粉灭火系统 ··· 101

【一般考点】考点1　干粉灭火系统的适用范围 ··············· 101

【重要考点】考点2　干粉灭火系统组件应符合的规定 ········· 101

【一般考点】考点3　干粉灭火系统设置要求 ················· 102

【一般考点】考点4　干粉灭火系统组件的安装要求 ··········· 103

【重要考点】考点5　干粉灭火系统调试 ····················· 104

第十节　火灾自动报警系统 ·· 105

- 【一般考点】考点1　火灾自动报警系统的分类及适用范围 …………… 105
- 【重要考点】考点2　火灾自动报警系统设备的设计及设置 ……………… 105
- 【重要考点】考点3　可燃气体探测报警系统的组成及设计要求 ………… 106
- 【重要考点】考点4　电气火灾监控系统设计 …………………………… 107
- 【重要考点】考点5　消防控制室的设计 ………………………………… 108
- 【一般考点】考点6　火灾自动报警系统布线要求 ……………………… 109
- 【重要考点】考点7　火灾自动报警系统主要组件的安装 ……………… 109
- 【一般考点】考点8　火灾自动报警系统检测验收合格的判定标准 …… 110

第十一节　防烟排烟系统 …………………………………………………… 110

- 【重要考点】考点1　自然通风与自然排烟方式的选择 ………………… 110
- 【一般考点】考点2　排烟窗有效面积的计算 …………………………… 111
- 【重要考点】考点3　机械加压送风系统的选择 ………………………… 111
- 【重要考点】考点4　机械加压送风系统的组件与设置要求 …………… 112
- 【重要考点】考点5　机械排烟系统的组件与设置要求 ………………… 113

【一般考点】考点6　防烟排烟系统周期性检查 …………………………… 114
第十二节　建筑灭火器 ……………………………………………………… 115
【重要考点】考点1　灭火剂的代号 …………………………………………… 115
【重要考点】考点2　灭火器的分类及适用范围 ……………………………… 115
【重要考点】考点3　灭火器的适用范围 ……………………………………… 116
【重要考点】考点4　工业建筑灭火器配置场所与危险等级的对应关系 …… 117
【重要考点】考点5　计算单元的最小需配灭火器灭火级别的计算 ………… 118
【重要考点】考点6　A类火灾场所灭火器的最低配置基准 ………………… 118
【重要考点】考点7　灭火器的安装设置要求 ………………………………… 119
【重要考点】考点8　灭火器的报修条件及维修年限 ………………………… 119
第十三节　消防应急照明和疏散指示系统 ………………………………… 120
【一般考点】考点1　消防应急照明和疏散指示系统的分类 ………………… 120
【一般考点】考点2　消防应急照明和疏散指示系统设计要求 ……………… 120
【重要考点】考点3　消防应急照明和疏散指示系统主要组件的安装
要求 ……………………………………………………… 122

第十四节　消防用电和供配电系统 …… 125
【重要考点】考点1　消防用电的负荷等级 …… 125
【一般考点】考点2　消防用电设备供电线路的敷设 …… 126
【一般考点】考点3　消防用电设备供电线路的防火封堵措施 …… 126
【一般考点】考点4　消防用电设备的配电方式 …… 127
【重要考点】考点5　电气线路防火措施的检查 …… 128

第十五节　城市消防远程监控系统 …… 129
【一般考点】考点1　城市消防远程监控系统的组成与分类 …… 129
【一般考点】考点2　城市消防远程监控系统的设计 …… 130
【一般考点】考点3　城市消防远程监控系统布线检查 …… 131
【一般考点】考点4　城市消防远程监控系统安装与调试 …… 131
【一般考点】考点5　城市消防远程监控系统主要性能指标测试 …… 132

第三篇　其他建筑、场所防火 …… 133
第一节　石油化工防火 …… 133
【一般考点】考点1　石化企业的分类 …… 133

【一般考点】考点2　石油化工生产的选址 …………………………………………… 135

【一般考点】考点3　石油化工生产的总平面布置要求 ……………………………… 135

【一般考点】考点4　石油化工生产的道路布置要求 ………………………………… 136

【一般考点】考点5　消防设计的主要内容 …………………………………………… 137

【一般考点】考点6　石油化工生产中的工艺操作防火 ……………………………… 139

【一般考点】考点7　火炬系统的安全设置 …………………………………………… 139

【一般考点】考点8　放空管的安全设置 ……………………………………………… 140

【一般考点】考点9　安全阀的设置 …………………………………………………… 141

【一般考点】考点10　石油化工储罐的防火设计要求 ……………………………… 141

【一般考点】考点11　石油化工罐组的防火设计要求 ……………………………… 142

【一般考点】考点12　建筑防火设计 ………………………………………………… 144

第二节　地铁防火 ……………………………………………………………………… 145

【一般考点】考点1　防火分区 ………………………………………………………… 145

【一般考点】考点2　防火分隔措施 …………………………………………………… 146

【一般考点】考点3　安全疏散 ………………………………………… 147
【一般考点】考点4　消防设施 ………………………………………… 149
第三节　城市交通隧道防火 …………………………………………………… 151
【一般考点】考点1　建筑结构耐火 …………………………………… 151
【一般考点】考点2　防火分隔 ………………………………………… 152
【一般考点】考点3　隧道的安全疏散设施 …………………………… 153
【一般考点】考点4　隧道的消防设施配置 …………………………… 154
第四节　加油加气站防火 ……………………………………………………… 155
【一般考点】考点1　加油站的等级划分 ……………………………… 155
【重要考点】考点2　加油加气站的站址选择及平面布局 …………… 155
【一般考点】考点3　加油加气站建筑防火通用要求 ………………… 156
【重要考点】考点4　加油加气站消防设施 …………………………… 157
【一般考点】考点5　加油加气站供配电 ……………………………… 159
第五节　发电厂与变电站防火 ………………………………………………… 160
【一般考点】考点1　火力发电厂的防火设计要求 …………………… 160

- 【一般考点】考点2　变电站防火设计要求 …………………………………… 161
- 第六节　飞机库防火 ……………………………………………………………… 163
  - 【重要考点】考点1　飞机库的总平面布局和平面布置 …………………… 163
  - 【一般考点】考点2　飞机库的防火分区和耐火等级 ……………………… 163
  - 【重要考点】考点3　飞机库安全疏散设计要求 …………………………… 164
  - 【重要考点】考点4　飞机库灭火设备的设置 ……………………………… 164
- 第七节　汽车库、修车库防火 …………………………………………………… 166
  - 【一般考点】考点1　汽车库、修车库的火灾危险性 ……………………… 166
  - 【重要考点】考点2　汽车库、修车库总平面布局的防火设计 …………… 166
  - 【一般考点】考点3　汽车库防火分区最大允许建筑面积 ………………… 167
  - 【重要考点】考点4　汽车库、修车库安全疏散设计要求 ………………… 168
  - 【重要考点】考点5　汽车库、修车库消防设施的防火设计要求 ………… 169
- 第八节　洁净厂房防火 …………………………………………………………… 170
  - 【一般考点】考点1　洁净厂房的火灾危险性 ……………………………… 170
  - 【一般考点】考点2　洁净厂房的建筑材料及其燃烧性能 ………………… 171

【重要考点】考点3　洁净厂房的防火分区设计要求 ········· 171

【重要考点】考点4　洁净厂房的安全疏散设施防火设计要求 ····· 172

【重要考点】考点5　洁净厂房的消防设施配置要求 ·········· 173

【一般考点】考点6　洁净厂房的气体管道的安全技术措施 ······ 174

第九节　古建筑防火 ····································· 175

【一般考点】考点1　古建筑的火灾危险性 ················· 175

【一般考点】考点2　古建筑的消防总体布局 ··············· 175

【一般考点】考点3　古建筑的消防给水系统 ··············· 176

第十节　人民防空工程防火 ······························· 178

【一般考点】考点1　人民防空工程火灾危险性的特点 ········· 178

【重要考点】考点2　人民防空工程防火分区建筑面积 ········· 178

【重要考点】考点3　人民防空工程防火分隔要求 ············ 179

【重要考点】考点4　人民防空工程安全出口 ··············· 180

【重要考点】考点5　人民防空工程中安全疏散设施的安全疏散距离和
疏散宽度 ····································· 181

【重要考点】考点6 室内消火栓系统、火灾自动报警系统的设置 ………… 182

【一般考点】考点7 消防疏散照明和消防备用照明 ………………………… 183

第四篇 消防安全评估 ………………………………………………… 184

第一节 火灾风险评估 ………………………………………………… 184

【一般考点】考点1 火灾风险评估分类 ……………………………………… 184

【一般考点】考点2 火灾风险评估的基本流程 ……………………………… 184

【重要考点】考点3 安全检查表法的运用 …………………………………… 185

【重要考点】考点4 预先危险性分析法的运用 ……………………………… 186

【一般考点】考点5 事件树分析法的运用 …………………………………… 187

【一般考点】考点6 事故树分析法的运用 …………………………………… 188

【一般考点】考点7 其他火灾风险评估方法 ………………………………… 189

第二节 火灾风险识别 ………………………………………………… 191

【一般考点】考点1 火灾危险源的分类 ……………………………………… 191

【一般考点】考点2 火灾发展过程与火灾风险评估 ………………………… 191

【重要考点】考点3 火灾危险源分析 ·· 192

【一般考点】考点4 建筑防火——被动防火 ·· 193

【一般考点】考点5 建筑防火——主动防火 ·· 193

【一般考点】考点6 消防力量 ·· 194

第三节 建筑消防性能化设计 ·· 194

【一般考点】考点1 建筑消防性能化设计范围 ····································· 194

【一般考点】考点2 建筑消防性能化设计的基本程序和设计步骤 ·········· 195

第四节 火灾场景设计 ·· 196

【一般考点】考点1 确定火灾场景的方法 ·· 196

【一般考点】考点2 设定火灾时需分析和确定建筑物的基本情况 ·········· 196

【一般考点】考点3 建筑物内的火灾荷载密度计算 ······························ 198

【重要考点】考点4 热释放速率的计算 ··· 198

第五节 烟气流动分析 ·· 200

【一般考点】考点1 烟气流动的驱动作用 ··· 200

【重要考点】考点2 烟气流动分析 ··· 200

【重要考点】考点 3　烟气流动的计算方法及模型选用原则 ·················· 201

第六节　人员安全疏散分析 ·· 202

【一般考点】考点 1　影响人员安全疏散的因素 ·························· 202

【重要考点】考点 2　人员疏散时间的计算方法 ·························· 202

【重要考点】考点 3　人员安全疏散分析参数 ···························· 203

【重要考点】考点 4　人员疏散安全性评估 ······························ 204

第七节　建筑结构耐火性能分析 ·· 205

【一般考点】考点 1　影响建筑结构耐火性能的因素 ······················ 205

【一般考点】考点 2　构件抗火极限状态设计要求 ························ 205

【重要考点】考点 3　结构温度场分析 ··································· 206

【一般考点】考点 4　整体结构耐火性能计算的一般步骤 ·················· 207

第八节　建筑性能化防火设计报告 ·· 208

【一般考点】考点　建筑性能化防火设计报告的内容 ···················· 208

第五篇　消防安全管理 ·· 209

第一节 消防安全管理概述 ········ 209
- 【一般考点】考点1 消防安全管理的特征 ········ 209
- 【重要考点】考点2 消防安全管理的要素 ········ 209

第二节 建筑火灾的消防安全管理 ········ 211
- 【一般考点】考点1 单位内部管理 ········ 211
- 【一般考点】考点2 消防监督管理工作 ········ 211

第三节 消防安全重点单位 ········ 212
- 【一般考点】考点1 消防安全重点单位的界定标准 ········ 212
- 【一般考点】考点2 消防安全重点单位的界定程序 ········ 214

第四节 消防安全组织 ········ 214
- 【一般考点】考点1 成立消防安全组织的目的 ········ 214
- 【一般考点】考点2 消防安全组织的组成及其职责 ········ 214

第五节 消防安全职责 ········ 216
- 【重要考点】考点1 单位消防安全职责 ········ 216
- 【一般考点】考点2 各类人员职责 ········ 217

第六节　消防安全制度 ····· 219
- 【一般考点】考点1　消防安全制度的种类 ····· 219
- 【一般考点】考点2　单位消防安全制度的落实 ····· 220
- 【重要考点】考点3　消防安全重点单位"三项"报告备案的内容 ····· 220

第七节　消防安全重点部位 ····· 221
- 【重要考点】考点1　消防安全重点部位的确定 ····· 221
- 【一般考点】考点2　消防安全重点部位的管理 ····· 222

第八节　火灾隐患及重大火灾隐患 ····· 222
- 【一般考点】考点1　火灾隐患的判定 ····· 222
- 【一般考点】考点2　重大火灾隐患的判定要素 ····· 223
- 【重要考点】考点3　重大火灾隐患的判定情形 ····· 223

第九节　消防档案 ····· 225
- 【一般考点】考点1　消防档案的内容 ····· 225
- 【一般考点】考点2　消防档案的管理 ····· 225

第十节　消防宣传与教育培训 ····· 226

- 【一般考点】考点1 消防宣传与教育培训的原则和目标 ······ 226
- 【一般考点】考点2 消防宣传的主要内容和形式 ······ 226
- 【一般考点】考点3 消防教育培训的主要内容和形式 ······ 227

第十一节 灭火应急疏散预案 ······ 228
- 【一般考点】考点1 灭火和应急疏散预案概述 ······ 228
- 【一般考点】考点2 灭火和应急疏散预案演练分类 ······ 229
- 【重要考点】考点3 灭火和应急疏散预案演练准备 ······ 229
- 【一般考点】考点4 灭火和应急疏散预案演练总结讲评 ······ 230

第十二节 建设工程施工现场的消防安全管理 ······ 230
- 【重要考点】考点1 施工现场总平面布置 ······ 230
- 【一般考点】考点2 防火间距的设置 ······ 231
- 【一般考点】考点3 临时消防车通道的设置 ······ 231
- 【一般考点】考点4 施工现场宿舍、办公用房的防火要求 ······ 232
- 【重要考点】考点5 在建工程防火要求 ······ 233
- 【重要考点】考点6 施工现场临时消防设施的设置要求 ······ 233

【重要考点】考点7　施工现场灭火器最低配置基准 ·················· 235

【重要考点】考点8　施工现场消防安全管理内容 ······················ 236

【重要考点】考点9　施工现场用火、用电、用气管理 ·················· 237

第十三节　大型群众性活动的消防安全管理 ······························ 238

【重要考点】考点1　大型群众性活动消防安全管理工作职责 ·············· 238

【重要考点】考点2　大型群众性活动消防安全管理的实施 ················ 240

【重要考点】考点3　大型群众性活动消防安全管理的工作内容 ············ 241

第十四节　大型商业综合体的消防安全管理 ······························· 243

【重要考点】考点1　大型商业综合体的消防安全管理工作职责 ············ 243

【重要考点】考点2　大型商业综合体的消防安全灭火应急组织 ············ 243

【重要考点】考点3　大型商业综合体的用火安全 ······················ 245

【重要考点】考点4　大型商业综合体的用电安全 ······················ 245

【重要考点】考点5　大型商业综合体消防控制室的管理 ·················· 246

【重要考点】考点6　大型商业综合体餐饮场所的管理 ··················· 247

【重要考点】考点7　大型商业综合体的其他重点部位管理 ················ 248

【重要考点】考点8　大型商业综合体的安全疏散管理 …………………… 248
【重要考点】考点9　大型商业综合体的消防安全培训 …………………… 250
【重要考点】考点10　大型商业综合体的消防档案 ……………………… 250

第一篇 建筑防火

第一节 建筑防火的概述

【一般考点】考点1 建筑火灾常见的原因及危害

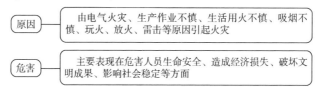

【一般考点】考点2 建筑防火的技术方法

总平面布置	要满足城市规划和消防安全的要求
建筑结构防火	在建筑防火设计中,正确选择和确定建筑的耐火等级,是防止建筑火灾发生和阻止火势蔓延扩大的一项治本措施

(续)

建筑材料防火	建筑材料防火应当遵循的原则：控制建筑材料中可燃物数量，受条件限制或装修特殊要求必须使用可燃材料的，应当对材料进行阻燃处理；与电气线路或发热物体接触的材料应采用不燃材料或进行阻燃处理；楼梯间、管道井等竖向通道和供人员疏散的走道内应当采用不燃材料
防火分区分隔	在建筑内实行防火分区和防火分隔，可有效地控制火势的蔓延，既有利于人员疏散和扑火救灾，也能减少火灾损失
安全疏散	建筑安全疏散技术的重点是安全出口、疏散出口以及安全疏散通道的数量、宽度、位置和疏散距离
防排烟	烟气控制的方法包括合理划分防烟分区和选择合适的防烟、排烟方式

第二节 生产、储存物品火灾危险性分类

【重要考点】考点 1　生产的火灾危险性分类

甲类	生产时使用或产生的物质特征： (1) 闪点小于 28℃ 的液体 (2) 爆炸下限小于 10% 的气体 (3) 常温下能自行分解或在空气中氧化能导致迅速自燃或爆炸的物质 (4) 常温下受到水或空气中水蒸气的作用，能产生可燃气体并引起燃烧或爆炸的物质 (5) 遇酸、受热、撞击、摩擦、催化以及遇有机物或易燃的无机物，极易引起燃烧或爆炸的强氧化剂 (6) 受撞击、摩擦或与氧化剂、有机物接触时能引起燃烧或爆炸的物质 (7) 在密闭设备内操作温度不小于物质本身自燃点的生产

(续)

乙类	生产时使用或产生的物质特征： (1) 闪点大于或等于28℃，但小于60℃的液体 (2) 爆炸下限大于或等于10%的气体 (3) 不属于甲类的氧化剂 (4) 不属于甲类的易燃固体 (5) 助燃气体 (6) 能与空气形成爆炸性混合物的浮游状态的粉尘、纤维、闪点大于或等于60℃的液体雾滴
丙类	生产时使用或产生的物质特征： (1) 闪点大于或等于60℃的液体 (2) 可燃固体
丁类	生产特征： (1) 对不燃烧物质进行加工，并在高温或熔化状态下经常产生强辐射热、火花或火焰的生产 (2) 利用气体、液体、固体作为燃料或将气体、液体进行燃烧作他用的各种生产

(续)

丁类	(3)常温下使用或加工难燃烧物质的生产
戊类	生产特征：常温下使用或加工不燃烧物质的生产

【一般考点】考点2　储存物品的火灾危险性分类

甲类	火灾危险性特征： (1)闪点小于28℃的液体 (2)爆炸下限小于10%的气体，受到水或空气中水蒸气的作用能产生爆炸下限小于10%气体的固体物质 (3)常温下能自行分解或在空气中氧化能导致迅速自燃或爆炸的物质 (4)常温下受到水或空气中水蒸气的作用，能产生可燃气体并引起燃烧或爆炸的物质 (5)遇酸、受热、撞击、摩擦以及遇有机物或硫黄等易燃的无机物，极易引起燃烧或爆炸的强氧化剂 (6)受撞击、摩擦或与氧化剂、有机物接触时能引起燃烧或爆炸的物质

(续)

乙类	火灾危险性特征： (1) 闪点不小于28℃，但小于60℃的液体 (2) 爆炸下限不小于10%的气体 (3) 不属于甲类的氧化剂 (4) 不属于甲类的易燃固体 (5) 助燃气体 (6) 常温下与空气接触能缓慢氧化，积热不散引起自燃的物品
丙类	火灾危险性特征： (1) 闪点不小于60℃的液体 (2) 可燃固体
丁类	火灾危险性特征：难燃烧物品
戊类	火灾危险性特征：不燃烧物品

【重要考点】考点3 同一座厂房或厂房的任一防火分区内有不同火灾危险性生产时的火灾危险性确定

> 同一座厂房或厂房的任一防火分区内有不同火灾危险性生产时,厂房或防火分区内的生产火灾危险性分类应按火灾危险性较大的部分确定。当生产过程中使用或产生易燃、可燃物的量较少,不足以构成爆炸或火灾危险时,可按实际情况确定。当符合下述条件之一时,可按火灾危险性较小的部分确定:
>
> (1)火灾危险性较大的生产部分占本层或本防火分区建筑面积的比例小于5%或丁、戊类厂房内的油漆工段小于10%,且发生火灾事故时不足以蔓延至其他部位或火灾危险性较大的生产部分采取了有效的防火措施
>
> (2)丁、戊类厂房内的油漆工段,当采用封闭喷漆工艺,封闭喷漆空间内保持负压,油漆工段设置可燃气体探测报警系统或自动抑爆系统,且油漆工段占所在防火分区建筑面积的比例不大于20%

第三节 建筑分类和耐火等级

【重要考点】考点1 民用建筑的分类

名称	高层民用建筑		单层、多层民用建筑
	一类	二类	
住宅建筑	建筑高度大于54m的住宅建筑(包括设置商业服务网点的住宅建筑)	建筑高度大于27m,但不大于54m的住宅建筑(包括设置商业服务网点的住宅建筑)	建筑高度不大于27m的住宅建筑(包括设置商业服务网点的住宅建筑)
公共建筑	(1) 建筑高度大于50m的公共建筑 (2) 建筑高度24m以上部分,任一楼层建筑面积大于1000m²的商店、展览、电信、邮政、财贸金融建筑和其他多种功能组合的建筑	除一类高层公共建筑外的其他高层公共建筑	(1) 建筑高度大于24m的单层公共建筑

（续）

名称	高层民用建筑		单层、多层民用建筑
	一类	二类	
公共建筑	(3)医疗建筑、重要公共建筑、独立建造的老年人照料设施 (4)省级及以上的广播电视和防灾指挥调度建筑、网局级和省级电力调度建筑 (5)藏书超过100万册的图书馆、书库		(2)建筑高度不大于24m的其他公共建筑

【高频考点】考点2 不同耐火等级建筑相应构件的燃烧性能和耐火极限
（单位：h）

构件名称		耐火等级			
		一级	二级	三级	四级
墙	防火墙	不燃性 3.00	不燃性 3.00	不燃性 3.00	不燃性 3.00

(续)

构件名称		耐火等级			
		一级	二级	三级	四级
墙	承重墙	不燃性 3.00	不燃性 2.50	不燃性 2.00	难燃性 0.50
	非承重外墙	不燃性 1.00	不燃性 1.00	不燃性 0.50	可燃性
	楼梯间、前室的墙，电梯井的墙，住宅建筑单元之间的墙和分户墙	不燃性 2.00	不燃性 2.00	不燃性 1.50	难燃性 0.50
	疏散走道两侧的隔墙	不燃性 1.00	不燃性 1.00	不燃性 0.50	难燃性 0.25
	房间隔墙	不燃性 0.75	不燃性 0.50	难燃性 0.50	难燃性 0.25

(续)

构件名称	耐火等级			
	一级	二级	三级	四级
柱	不燃性 3.00	不燃性 2.50	不燃性 2.00	难燃性 0.50
梁	不燃性 2.00	不燃性 1.50	不燃性 1.00	难燃性 0.50
楼板	不燃性 1.50	不燃性 1.00	不燃性 0.50	可燃性
屋顶承重构件	不燃性 1.50	不燃性 1.00	可燃性 0.50	可燃性
疏散楼梯	不燃性 1.50	不燃性 1.00	不燃性 0.50	可燃性
吊顶(包括吊顶格栅)	不燃性 0.25	难燃性 0.25	难燃性 0.15	可燃性

注:除另有规定外,以木柱承重且墙体采用不燃材料的建筑,其耐火等级应按四级确定。

【重要考点】考点3 不同耐火等级厂房和仓库建筑构件的燃烧性能和耐火极限(单位:h)

构件名称		耐火等级			
		一级	二级	三级	四级
墙	防火墙	不燃性 3.00	不燃性 3.00	不燃性 3.00	不燃性 3.00
	承重墙	不燃性 3.00	不燃性 2.50	不燃性 2.00	难燃性 0.50
	楼梯间和前室的墙,电梯井的墙	不燃性 2.00	不燃性 2.00	不燃性 1.50	难燃性 0.50
	疏散走道两侧的隔墙	不燃性 1.00	不燃性 1.00	不燃性 0.50	难燃性 0.25
	非承重外墙,房间隔墙	不燃性 0.75	不燃性 0.50	难燃性 0.50	难燃性 0.25

（续）

构件名称	耐火等级			
	一级	二级	三级	四级
柱	不燃性 3.00	不燃性 2.50	不燃性 2.00	难燃性 0.50
梁	不燃性 2.00	不燃性 1.50	不燃性 1.00	难燃性 0.50
楼板	不燃性 1.50	不燃性 1.00	不燃性 0.75	难燃性 0.50
屋顶承重构件	不燃性 1.50	不燃性 1.00	难燃性 0.50	可燃性
疏散楼梯	不燃性 1.50	不燃性 1.00	不燃性 0.75	可燃性
吊顶（包括吊顶格栅）	不燃性 0.25	难燃性 0.25	难燃性 0.15	可燃性

注：二级耐火等级建筑内采用不燃材料的吊顶，其耐火极限不限。

【一般考点】考点4　建筑耐火等级检查

建筑构件的燃烧性能和耐火极限	建筑主要构件检查要求	一级耐火等级建筑的主要构件都是不燃烧体；二级耐火等级建筑的主要构件，除吊顶为难燃烧体外，其余构件都是不燃烧体；三级耐火等级建筑的主要构件，除吊顶(包括吊顶格栅)和房间隔墙采用难燃烧体外，其余构件采用不燃烧体；四级耐火等级建筑的主要构件，除防火墙需采用不燃烧体外，其余构件可采用难燃烧体或可燃烧体
耐火等级与建筑分类的适应性	厂房和仓库检查要求	使用或储存特殊、贵重的机器、仪表、仪器等设备或物品时，建筑耐火等级不低于二级 高层厂房，甲、乙类厂房，使用或产生丙类液体的厂房以及有火花、明火、赤热表面的丁类厂房，油浸变压器室、高压配电装置室、锅炉房，高架仓库、高层仓库、甲类仓库、多层乙类仓库和储存可燃液体的多层丙类仓库，粮食筒仓，建筑的耐火等级不低于二级 单、多层丙类厂房，多层丁、戊类厂房，单层乙类仓库，单层丙类仓库，储存可燃固体的多层丙类仓库和多层丁、戊类仓库，粮食平房仓，建筑的耐火等级不低于三级 建筑面积不大于300m²的独立甲、乙类单层厂房，建筑面积不大于500m²的单层丙类厂房或建筑面积不大于1000m²的单层丁类厂房，燃煤锅炉房且锅炉的总蒸发量不大于4t/h时，可采用三级耐火等级的建筑

（续）

耐火等级与建筑分类的适应性	民用建筑检查要求	地下、半地下建筑(室)和一类高层建筑的耐火等级不低于一级；单、多层重要公共建筑和二类高层建筑的耐火等级不低于二级
最多允许层数与耐火等级的适应性	厂房检查要求	二级耐火等级的乙类厂房建筑层数最多为6层；三级耐火等级的丙类厂房建筑层数最多为2层；三级耐火等级的丁、戊类厂房建筑层数最多为3层；甲类厂房和四级耐火等级的丁、戊类厂房只能为单层建筑
	仓库检查要求	甲类仓库，三级耐火等级的乙类仓库，四级耐火等级的丁、戊类仓库，都只能为单层建筑。三级耐火等级的丙类固体仓库和丁、戊类仓库建筑层数最多为3层
	民用建筑检查要求	对于民用建筑，当耐火等级为三级时，其允许建筑层数最多为5层；当耐火等级为四级时，其允许建筑层数最多为2层。商店建筑、展览建筑、托儿所等儿童活动场所、医院和疗养院的住院部分、教学建筑、食堂、菜市场、剧场、电影院、礼堂等采用三级耐火等级建筑时，建筑层数不应超过2层；除剧场、电影院、礼堂外的上述建筑如采用四级耐火等级建筑时，只能为单层建筑

第四节　建筑总平面布局和平面布置

【重要考点】考点1　建筑选址

周围环境	生产、储存和装卸易燃易爆危险物品的工厂、仓库和专用车站、码头，必须设置在城市的边缘或者相对独立的安全地带
地势条件	甲、乙、丙类液体的仓库，宜布置在地势较低的地方；生产、储存爆炸物品的企业，宜利用地形，选择多面环山、附近没有建筑的地方
主导风向	液化石油气储罐区宜布置在本单位或本地区全年最小频率风向的上风侧，并选择通风良好的地点独立设置

【重要考点】考点2　常见企业总平面的布局

石油化工企业	可能散发可燃气体的工艺装置、罐组、装卸区或全厂性污水处理场等设施，宜布置在人员集中场所及明火或散发火花地点的全年最小频率风向的上风侧 消防站的位置设置应便于消防车迅速通往工艺装置区和罐区，宜位于生产区全年最小频率风向的下风侧，且避开工厂主要人流道路

(续)

火力发电厂	厂址应布置在厂区地势较低的边缘地带，安全防护设施可以布置在地形较高的边缘地带
钢铁冶金企业	储存或使用甲、乙、丙类液体，可燃气体，明火或散发火花以及产生大量烟气、粉尘、有毒有害气体的车间，必须布置在厂区边缘或主要生产车间、职工生活区全年最小频率风向的上风侧

【重要考点】考点3　建筑防火间距

> 根据《建筑设计防火规范》(GB 50016—2014)(2018年版)第3.4.1条规定，除本规范另有规定外，厂房之间及与乙、丙、丁、戊类仓库、民用建筑等的防火间距不应小于下表的规定

厂房之间及与乙、丙、丁、戊类仓库、民用建筑等的防火间距（单位：m）

名称			甲类厂房	乙类厂房（仓库）		丙、丁、戊类厂房（仓库）				民用建筑				
			单层、多层	单层、多层	高层	单层、多层		高层		裙房，单层、多层			高层	
			一、二级	一、二级	三级	一、二级	一、二级	三级	四级	一、二级	一、二级	三级	四级	一类	二类
甲类厂房	单层、多层	一、二级	12	12	14	13	12	14	16	13					
乙类厂房	单层、多层	一、二级	12	10	12	13	10	12	14	13	25			50	
		三级	14	12	14	15	12	14	16	15					
	高层	一、二级	13	13	15	13	13	15	17	13					

（续）

名称			甲类厂房	乙类厂房（仓库）		丙、丁、戊类厂房(仓库)			民用建筑				
			单层、多层	单层、多层	高层	单层、多层		高层	裙房，单层、多层			高层	
			一、二级	一、二级	三级	一、二级	一、二级	三级	四级	一、二级	三级	四级	一类	二类
丙类厂房	单层、多层	一、二级	12	10	12	13	10	12	14	13	10	12	14	20	15
		三级	14	12	14	15	12	14	16	15	12	14	16	25	20
		四级	16	14	16	17	14	16	18	17	14	16	18		
	高层	一、二级	13	13	15	13	13	15	17	13	13	15	17	20	15

(续)

名称		甲类厂房	乙类厂房（仓库）		丙、丁、戊类厂房(仓库)			民用建筑				
		单层、多层	单层、多层	高层	单层、多层		高层	裙房，单层、多层			高层	
		一、二级	一、二级	三级	一、二级	三级	四级	一、二级	三级	四级	一、二级	三级	四级	一类	二类
丁、戊类厂房	单层、多层 一、二级	12	10	12	13	10	12	14	13	10	12	14	15	13
	单层、多层 三级	14	12	14	15	12	14	16	15	12	14	16	18	15
	单层、多层 四级	16	14	16	17	14	16	18	17	14	16	18		
	高层 一、二级	13	13	15	13	13	15	17	13	13	15	17	15	13

（续）

名称		甲类厂房	乙类厂房（仓库）		丙、丁、戊类厂房(仓库)				民用建筑				
		单层、多层	单层、多层	高层	单层、多层			高层	裙房，单层、多层			高层	
		一、二级	一、二级	三级	一、二级	三级	四级	一、二级	一、二级	三级	四级	一类	二类
室外变、配电站	变压器总油量h ≥5, ≤10	25	25	25	12	15	20	12	15	20	25	20	
	>10, ≤50				15	20	25	15	20	25	30	25	
	>50				20	25	30	20	25	30	35	30	

注：1. 乙类厂房与重要公共建筑的防火间距不宜小于50m；与明火或散发火花地点，不宜小于30m。

2. 两座厂房相邻较高一面外墙为防火墙，或相邻两座高度相同的一、二级耐火等级建筑中相邻任一侧外墙为防火墙且屋顶的耐火极限不低于 1.00h 时，其防火间距不限，但甲类厂房之间不应小于 4m。两座丙、丁、戊类厂房相邻两面外墙均为不燃性墙体，当无外露的可燃性屋檐，每面外墙上的门、窗、洞口面积之和各不大于外墙面积的 5%，且门、窗、洞口不正对开设时，其防火间距可按本表的规定减少 25%。

【一般考点】考点4　防火间距不足时的处理

> (1) 改变建筑物的生产或使用性质，尽量减少建筑物的火灾危险性；改变房屋部分结构的耐火性能，提高建筑物的耐火等级
> (2) 调整生产厂房的部分工艺流程和库房所储存物品的数量；调整部分构件的耐火性能和燃烧性能
> (3) 将建筑物的普通外墙改为防火墙或减少相邻建筑的开口面积
> (4) 拆除部分耐火等级低、占地面积小、使用价值低且与新建建筑相邻的原有陈旧建筑物
> (5) 设置独立的防火墙

【高频考点】考点5　建筑平面布置要求

设备用房布置	(1)燃油或燃气锅炉、油浸电力变压器、充有可燃油的高压电容器和多油开关等，宜设置在建筑外的专用房间内；当确需贴邻民用建筑布置，应采用防火墙与所贴邻的建筑分隔，且不应贴邻人员密集场所，该专用房间的耐火等级不应低于二级 (2)柴油发电机房布置在民用建筑内时，宜布置在建筑物的首层及地下一层、地下二层，不应布置在人员密集场所的上一层、下一层或贴邻 (3)附设在建筑物内的消防控制室，宜设置在建筑物内首层或地下一层，并宜布置在靠外墙部位，且应采用耐火极限不低于2.00h的防火隔墙和不低于1.50h的楼板与其他部位隔开 (4)独立建造的消防水泵房的耐火等级不应低于二级；附设在建筑内的消防水泵房，不应设置在地下三层及以下，或地下室内地面与室外出入口地坪高差大于10m的地下楼层中
人员密集场所布置	(1)歌舞娱乐放映游艺场所宜布置在建筑的首层或二层、三层的靠外墙部位，不宜布置在袋形走道的两侧和尽端，并应采用耐火极限不低于2.00h的防火隔墙和不低于1.00h的不燃性楼板与其他场所隔开，设置在厅、室墙上的门和该场所与建筑内其他部位相通的门应采用乙级防火门

(续)

人员密集场所布置	(2)剧场、电影院、礼堂宜设置在独立的建筑内;采用三级耐火等级建筑时,不应超过2层
特殊场所布置	(1)托儿所、幼儿园的儿童用房和儿童游乐厅等儿童活动场所宜设置在独立的建筑内,且不应设置在地下或半地下。当设置在一级、二级耐火等级的建筑内时,应设置在建筑物的首层或二层、三层,不应超过3层;当设置在三级耐火等级的建筑内时,应设置在首层或二层,不应超过2层;当设置在四级耐火等级的建筑内时,应设置在首层,应为单层 (2)医院和疗养院的住院部分不应设置在地下或半地下。医院和疗养院的住院部分采用三级耐火等级建筑时,不应超过2层;采用四级耐火等级建筑时,应为单层;设置在三级耐火等级的建筑内时,应布置在首层或二层;设置在四级耐火等级的建筑内时,应布置在首层
住宅建筑及设置商业服务网点的住宅建筑	住宅部分与非住宅部分之间,应采用耐火极限不低于2.00h且无门、窗、洞口的防火隔墙和耐火极限不低于1.50h的不燃性楼板进行完全分隔

第五节　灭火救援设施的布置

【一般考点】考点1　消防车道的设置

(1)街区内的道路应考虑消防车的通行,道路中心线间的距离不宜大于160m。当建筑物沿街道部分的长度大于150m或总长度大于220m时,应设置穿过建筑物的消防车道

(2)在穿过建筑物或进入建筑物内院的消防车道两侧,不应设置影响消防车通行或人员安全疏散的设施

(3)消防车道应符合下列要求:车道的净宽度和净空高度均不应小于4.0m;转弯半径应满足消防车转弯的要求;消防车道与建筑之间不应设置妨碍消防车作业的树木、架空管线等障碍物;消防车道靠建筑外墙一侧的边缘距离建筑外墙不宜小于5m;消防车道的坡度不宜大于8%

(4)环形消防车道至少应有两处与其他车道连通。尽头式消防车道应设置回车道或回车场,回车场的面积不应小于12m×12m;对于高层建筑,不宜小于15m×15m;供重型消防车使用时,不宜小于18m×18m

【重要考点】考点2　消防登高面、消防救援场地和灭火救援窗的设置

消防车登高面的设置	高层建筑应至少沿一个长边或周边长度的1/4且不小于一个长边长度的底边连续布置消防车登高操作场地,该范围内的裙房进深不应大于4m。建筑高度不大于50m的建筑,连续布置消防车登高操作场地确有困难时,可间隔布置,但间隔距离不宜大于30m
消防救援场地的设置	场地靠建筑外墙一侧的边缘距离建筑外墙不宜小于5m,且不大于10m;场地的坡度不宜大于3%,场地的长度和宽度分别不小于15m和10m。对于建筑高度大于50m的建筑,场地的长度和宽度分别不小于20m和10m
灭火救援窗的设置	窗口的净高度和净宽度均不应小于1.0m,下沿距室内地面不宜大于1.2m,间距不宜大于20m,且每个防火分区不应少于2个,设置位置应与消防车登高操作场地相对应

【重要考点】考点3　消防电梯的设置和检查

设置要求	(1)消防电梯应分别设置在不同的防火分区内,且每个防火分区不应少于1台 (2)消防电梯应设置前室或与防烟楼梯间合用的前室。前室或合用前室的门应采用乙级防火门,不应设置卷帘 (3)消防电梯井、机房与相邻电梯井、机房之间应设置耐火极限不低于2.00h的防火隔墙,隔墙上的门应采用甲级防火门

(续)

检查方法	(1) 核查电梯检测主管部门核发的有关证明文件，检查消防电梯的载重量、消防电梯的井底排水设施 (2) 测量消防电梯前室面积、首层消防电梯间通向室外的安全出口通道的长度等，面积测量值的允许负偏差和通道长度测量值的允许正偏差不得大于规定值的5% (3) 使用首层供消防人员专用的操作按钮，检查消防电梯能否下降到首层并发出反馈信号，此时其他楼层按钮不能呼叫消防电梯，只能在轿厢内控制 (4) 模拟火灾报警，检查消防控制设备能否手动和自动控制电梯下降至首层，并接收反馈信号 (5) 使用消防电梯轿厢内专用消防对讲电话与消防控制中心进行不少于2次的通话试验，通话语音清晰 (6) 使用秒表测试消防电梯由首层直达顶层的运行时间，检查消防电梯行驶速度是否保证从首层到顶层的运行时间不超过60s

【一般考点】考点4　直升机停机坪的设置

设置范围	建筑高度大于100m且标准层建筑面积大于2000m^2的公共建筑，其屋顶宜设置直升机停机坪或供直升机救助的设施

(续)

设置要求	(1) 在停机坪外5m范围内，不应设置设备机房、电梯机房、水箱间、共用天线、旗杆等凸出物 (2) 停机坪四周应设置航空障碍灯，并应设置应急照明 (3) 待救区应设置不少于2个通向停机坪的出口，每个出口的宽度不宜小于0.90m，其门应向疏散方向开启

第六节　防火分区

【重要考点】考点1　民用建筑的防火分区

名称	耐火等级	防火分区的最大允许建筑面积/m²	备注
高层民用建筑	一、二级	1500	对于体育馆、剧场的观众厅，防火分区的最大允许建筑面积可适当增加
单、多层民用建筑	一、二级	2500	—
	三级	1200	—
	四级	600	—

(续)

名称	耐火等级	防火分区的最大允许建筑面积/m²	备注
地下或半地下建筑(室)	一级	500	设备用房的防火分区最大允许建筑面积不应大于1000m²

注：当建筑内设置自动灭火系统时，防火分区最大允许建筑面积可按上表的规定增加1.0倍；局部设置时，防火分区的增加面积可按该局部面积的1.0倍计算；裙房与高层建筑主体之间设置防火墙，墙上开口部位采用甲级防火门分隔时，裙房的防火分区可按单层、多层建筑的要求确定。

【一般考点】考点2 仓库的防火分区

储存物品的火灾危险性类别		仓库的耐火等级	最多允许层数	每座仓库的最大允许占地面积和每个防火分区的最大允许建筑面积/m²						地下或半地下仓库(包括地下或半地下室)
				单层仓库		多层仓库		高层仓库		
				每座仓库	防火分区	每座仓库	防火分区	每座仓库	防火分区	防火分区
甲	3、4项	一级	1	180	60	—	—	—	—	—
	1、2、5、6项	一、二级	1	750	250	—	—	—	—	—

(续)

储存物品的火灾危险性类别		仓库的耐火等级	最多允许层数	每座仓库的最大允许占地面积和每个防火分区的最大允许建筑面积/m²						地下或半地下仓库(包括地下或半地下室)
				单层仓库		多层仓库		高层仓库		
				每座仓库	防火分区	每座仓库	防火分区	每座仓库	防火分区	防火分区
乙	1、3、4项	一、二级	3	2000	500	900	300	—	—	—
		三级	1	500	250	—	—	—	—	—
	2、5、6项	一、二级	5	2800	700	1500	500	—	—	—
		三级	1	900	300	—	—	—	—	—
丙	1项	一、二级	5	4000	1000	2800	700	—	—	150
		三级	1	1200	400	—	—	—	—	—
	2项	一、二级	不限	6000	1500	4800	1200	4000	1000	300
		三级	3	2100	700	1200	400	—	—	—
丁		一、二级	不限	不限	3000	不限	1500	4800	1200	500
		三级	3	3000	1000	1500	500	—	—	—
		四级	1	2100	700	—	—	—	—	—

(续)

储存物品的火灾危险性类别	仓库的耐火等级	最多允许层数	每座仓库的最大允许占地面积和 每个防火分区的最大允许建筑面积/m²					
			单层仓库		多层仓库		高层仓库		地下或半地下仓库(包括地下或半地下室)
			每座仓库	防火分区	每座仓库	防火分区	每座仓库	防火分区	防火分区
戊	一、二级 三级 四级	不限 3 1	不限 3000 2100	不限 1000 700	不限 2100 —	2000 700 —	6000 — —	1500 — —	1000 — —

【重要考点】考点3 防火分区的设置

建筑内的中庭	建筑内设置中庭时,其防火分区的建筑面积应按上、下层相连通的建筑面积叠加计算;当叠加计算后的建筑面积大于规定时,应符合下列规定: (1)与周围连通空间应进行防火分隔:采用防火隔墙时,其耐火极限不应低于1.00h;采用防火玻璃墙时,其耐火隔热性和耐火完整性不应低于1.00h;采用耐火完整性不低于1.00h的非隔热性防火玻璃墙时,应设置自动喷水灭火系统进行保护;采用防火卷帘时,

(续)

建筑内的中庭	其耐火极限不应低于3.00h,并应符合规定;与中庭相连通的门、窗,应采用火灾时能自行关闭的甲级防火门、窗 (2)高层建筑内的中庭回廊应设置自动喷水灭火系统和火灾自动报警系统 (3)中庭应设置排烟设施 (4)中庭内不应布置可燃物
一、二级耐火等级建筑内的商店营业厅、展览厅	当设置自动灭火系统和火灾自动报警系统并采用不燃或难燃装修材料时,其每个防火分区的最大允许建筑面积应符合下列规定: (1)设置在高层建筑内时,不应大于4000m² (2)设置在单层建筑或仅设置在多层建筑的首层内时,不应大于10000m² (3)设置在地下或半地下时,不应大于2000m²
有顶棚的步行街	餐饮、商店等商业设施通过有顶棚的步行街连接,且步行街两侧的建筑需利用步行街进行安全疏散时,应符合下列规定: (1)步行街两侧建筑的耐火等级不应低于二级 (2)步行街两侧建筑相对面的最近距离均不应小于规范对相应高度建筑的防火间距要求且不应小于9m (3)步行街两侧建筑的商铺之间应设置耐火极限不低于2.00h的防火隔墙,每间商铺的建筑面积不宜大于300m²

(续)

有顶棚的步行街	（4）步行街的顶棚材料应采用不燃或难燃材料，其承重结构的耐火极限不应低于1.00h （5）步行街两侧建筑的商铺外应每隔30m设置DN65的消火栓，并应配备消防软管卷盘或消防水龙，商铺内应设置自动喷水灭火系统和火灾自动报警系统；每层回廊均应设置自动喷水灭火系统。步行街内宜设置自动跟踪定位射流灭火系统

第七节 防烟分区

【一般考点】考点1 防烟分区的面积划分及设置要求

	空间净高	防烟分区最大允许面积
面积划分	（1）≤3.0m	不应>500m²
	（2）>3.0m时，且≤6.0m	不应>1000m²
	（3）>6.0m时，且≤9.0m	不应>2000m²
设置要求	（1）防烟分区应采用挡烟垂壁、隔墙、结构梁等划分 （2）防烟分区不应跨越防火分区 （3）每个防烟分区的建筑面积不宜超过相关规定的要求 （4）采用隔墙等形成封闭的分隔空间时，该空间宜作为一个防烟分区 （5）储烟仓高度不应小于空间净高的10%，且不应小于500mm，同时应保证疏散所需的清晰高度	

(续)

设置要求	(6)有特殊用途的场所应单独划分防烟分区

【重要考点】考点2 防烟分区分隔措施

挡烟垂壁	挡烟高度即指各类挡烟设施处于安装位置时,其底部与顶部之间的垂直高度,要求不得小于500mm 检查方法:活动式挡烟垂壁与建筑结构面的缝隙应小于或等于60mm。观察活动式挡烟垂壁的下降,使用秒表、卷尺测量挡烟垂壁电动下降的或机械下降的运行速度和时间。卷帘式挡烟垂壁的运行速度应大于或等于0.07m/s;翻板式挡烟垂壁的运行时间应小于7s。挡烟垂壁必须设置限位装置,当其运行至上、下限位时,能自动停止
建筑横梁	当建筑横梁的高度超过50cm时,该横梁可作为挡烟设施使用

第八节 安全疏散

【重要考点】考点1 不同场所疏散人数的确定方法

商场	商店的疏散人数按每层营业厅的建筑面积乘以每层规定的人员密度计算

(续)

歌舞娱乐放映游艺场所	录像厅的疏散人数根据厅、室的建筑面积按不小于 1.0 人/m² 计算；其他歌舞娱乐放映游艺场所的疏散人数根据厅、室的建筑面积按不小于 0.5 人/m² 计算
有固定座位的场所	有固定座位的场所，其疏散人数可按实际座位数的 1.1 倍计算
展览厅	展览厅的疏散人数根据展览厅的建筑面积和人员密度计算，展览厅内的人员密度不宜小于 0.75 人/m²

【重要考点】考点2　百人宽度指标的计算

> 百人宽度指标是每百人在允许疏散时间内，以单股人流形式疏散所需的疏散宽度。
> 按下列公式计算：
> 　　百人宽度指标 = 单股人流宽度 × 100/(疏散时间 × 每分钟每股人流通过人数)

【重要考点】考点3　不同场所疏散宽度的确定

厂房	厂房内疏散出口的最小净宽度不宜小于 0.9m；疏散走道的净宽度不宜小于 1.4m；疏散楼梯的最小净宽度不宜小于 1.1m

(续)

公共建筑的疏散宽度	公共建筑内安全出口和疏散门的净宽度不应小于0.90m,疏散走道和疏散楼梯的净宽度不应小于1.10m
电影院、礼堂、剧场的疏散宽度	观众厅内疏散走道的净宽度,应按每百人不小于0.6m计算,且不应小于1.0m;边走道的净宽度不宜小于0.8m

【一般考点】考点4 安全疏散距离

检查内容	(1)建筑物内全部设置自动喷水灭火系统时,考虑到设置自动喷水灭火系统的建筑物的安全性能有所提高,安全疏散距离可按规定增加25% (2)建筑内开向敞开式外廊的房间,考虑到外廊是敞开的,其通风、排烟、采光、降温等方面的情况一般均比内廊式建筑要好,对安全疏散有利,疏散门至最近安全出口的距离可按规定增加5m (3)直通疏散走道的房间疏散门至最近敞开楼梯间的距离,当房间位于两个楼梯间之间时,按规定减少5m;当房间位于袋形走道两侧或尽端时,按规定减少2m
检查方法	安全疏散距离测量值的允许正偏差不得大于规定值的5%

【高频考点】考点5　安全出口、疏散出口的设置

安全出口	（1）建筑内的安全出口和疏散门应分散布置，公共建筑内每个防火分区或一个防火分区的每个楼层，其安全出口的数量应经计算确定，并不应少于2个，且建筑内每个防火分区或一个分区的每个楼层、每个住宅单元每层相邻2个安全出口以及每个房间相邻2个疏散门最近边缘之间的水平距离不应小于5m （2）一、二级耐火等级公共建筑内，当一个防火分区的安全出口全部直通室外确有困难时，应符合建筑面积大于1000m²的防火分区，直通室外的安全出口数量不应少于2个；建筑面积小于或等于1000m²的防火分区，直通室外的安全出口数量不应少于1个的规定，其防火分区可利用通向相邻防火分区的甲级防火门作为安全出口
疏散出口	（1）公共建筑内各房间疏散门的数量应经计算确定且不应少于2个，每个房间相邻2个疏散门最近边缘之间的水平距离不应小于5m （2）除托儿所、幼儿园、老年人照料设施建筑、医疗建筑、教学建筑内位于走道尽端的房间外，符合下列条件之一的房间可设置1个疏散门 1）位于2个安全出口之间或袋形走道两侧的房间，对于托儿所、幼儿园、老年人照料设施建筑，建筑面积不大于50m²；对于医疗建筑、教学建筑，建筑面积不大于75m²；对于其他建筑或场所，建筑面积不大于120m²

(续)

疏散出口	2）位于走道尽端的房间，建筑面积小于 $50m^2$ 且疏散门的净宽度不小于 0.9m，或由房间内任一点至疏散门的直线距离不大于 15m、建筑面积不大于 $200m^2$ 且疏散门的净宽度不小于 1.4m 3）歌舞娱乐放映游艺场所内建筑面积不大于 $50m^2$ 且经常停留人数不超过 15 人的厅、室或房间

【重要考点】考点6　疏散走道与避难走道的设置

疏散走道	（1）走道应简捷，并按规定设置疏散指示标志和诱导灯 （2）在1.8m高度内不宜设置管道、门垛等凸出物，走道中的门应向疏散方向开启 （3）尽量避免设置袋形走道 （4）疏散走道在防火分区处应设置常开甲级防火门
避难走道	（1）避难走道楼板的耐火极限不应低于1.50h （2）避难走道直通地面的出口不应少于2个，并应设置在不同方向 （3）避难走道的净宽度不应小于任一防火分区通向走道的设计疏散总净宽度 （4）避难走道内部装修材料的燃烧性能应为A级

(续)

避难走道	(5)防火分区至避难走道入口处应设置防烟前室，前室的使用面积不应小于6.0m²，开向前室的门应采用甲级防火门，前室开向避难走道的门应采用乙级防火门

【重要考点】考点7 楼梯间的设置要求

疏散楼梯间		(1)楼梯间应能天然采光和自然通风，并宜靠外墙设置 (2)楼梯间内不应设置烧水间、可燃材料储藏室、垃圾道 (3)封闭楼梯间、防烟楼梯间及其前室，不应设置卷帘 (4)楼梯间内不应有影响疏散的凸出物或其他障碍物 (5)楼梯间内不应敷设甲、乙、丙类液体的管道
封闭楼梯间	适用范围	(1)医疗建筑、旅馆、老年人照料设施及其类似使用功能的建筑 (2)设置歌舞娱乐放映游艺场所的建筑 (3)商店、图书馆、展览建筑、会议中心及类似使用功能的建筑 (4)6层及以上的其他建筑
	设置要求	(1)不能自然通风或自然通风不能满足要求时，应设置机械加压送风系统或采用防烟楼梯间 (2)除楼梯间的出入口和外窗外，楼梯间的墙上不应开设其他门、窗、洞口

(续)

封闭楼梯间	设置要求	(3)高层建筑、人员密集的公共建筑、人员密集的多层丙类厂房以及甲、乙类厂房，其封闭楼梯间的门应采用乙级防火门，并应向疏散方向开启；其他建筑可采用双向弹簧门
防烟楼梯间	适用范围	(1)一类高层建筑及建筑高度大于32m的二类高层建筑 (2)建筑高度大于33m的住宅建筑 (3)建筑高度大于32m且任一层人数超过10人的高层厂房 (4)当地下层数为3层及3层以上，以及地下室内地面与室外出入口地坪高差大于10m时
	设置要求	前室可与消防电梯间的前室合用 疏散走道通向前室以及前室通向楼梯间的门应采用乙级防火门，并应向疏散方向开启
室外楼梯	设置要求	(1)栏杆扶手的高度不应小于1.1m，楼梯的净宽度不应小于0.9m (2)楼梯和疏散出口平台均应采用不燃材料制作。平台的耐火极限不应低于1.00h，楼梯段的耐火极限不应低于0.25h (3)通向室外楼梯的门宜采用乙级防火门，并应向室外开启 (4)高度大于10m的三级耐火等级建筑应设置通至屋顶的室外消防梯

【重要考点】考点8 避难层(间)的设置

避难层	(1)封闭式避难层周围设有耐火的围护结构(外墙、楼板),室内设有独立的空调和防排烟系统,如在外墙上开设窗口时,应采用防火窗 (2)建筑高度超过100m的公共建筑和住宅建筑应设置避难层 (3)从首层到第一个避难层之间的高度不应大于50m (4)避难层四周的墙体及避难层内的隔墙,其耐火极限不应低于3.00h,隔墙上的门应采用甲级防火门 (5)避难层可与设备层结合布置 (6)通向避难层的疏散楼梯应在避难层分隔、同层错位或上下层断开 (7)避难层应设置直接对外的可开启窗口或独立的机械防烟设施
避难间	(1)避难间服务的护理单元不应超过2个,其净面积应按每个护理单元不小于25m²确定 (2)避难间应靠近楼梯间,并应采用耐火极限不低于2.00h的防火隔墙和甲级防火门与其他部位分隔

【重要考点】考点9　逃生疏散辅助设施的设置

避难袋	构造有3层；可用在建筑物内部，也可用于建筑物外部
缓降器	绳长为38m的缓降器适用于6~10层；绳长为53m的缓降器适用于11~16层；绳长为74m的缓降器适用于16~20层
避难滑梯	是一种螺旋形的滑道，能适应各种高度的建筑物，是高层病房楼理想的安全疏散辅助设施

第九节　建筑防爆

【一般考点】考点1　建筑防爆措施

预防性技术措施	排除能引起爆炸的各类可燃物质	(1)在生产过程中尽量不用或少用具有爆炸危险的各类可燃物质 (2)生产设备应尽可能保持密闭状态，防止"跑、冒、滴、漏" (3)加强通风除尘

（续）

预防性技术措施	排除能引起爆炸的各类可燃物质	(4) 预防可燃气体泄漏，设置可燃气体浓度报警装置 (5) 利用惰性介质进行保护 (6) 防止可燃粉尘、气体积聚
	消除或控制能引起爆炸的各种火源	(1) 防止撞击、摩擦产生火花 (2) 防止高温表面成为点火源 (3) 防止日光照射 (4) 防止电气火灾 (5) 消除静电火花 (6) 防雷电火花 (7) 防止明火
减轻性技术措施		采取泄压措施 采用抗爆性能良好的建筑结构体系 采取合理的建筑布置

【重要考点】考点2 爆炸危险性厂房、库房的布置

总平面布局	(1) 有爆炸危险的甲、乙类厂房和库房宜独立设置 (2) 有爆炸危险的厂房、库房与周围建筑物、构筑物应保持一定的防火间距 (3) 有爆炸危险的厂房平面布置最好采用矩形,与主导风向应垂直或夹角不小于45°,以有效利用穿堂风吹散爆炸性气体,在山区宜布置在迎风山坡一面且通风良好的地方 (4) 有爆炸危险的厂房必须与无爆炸危险的厂房贴邻时,只能一面贴邻,并在两者之间用防火墙或防爆墙隔开
平面和空间布置	(1) 甲、乙类生产场所和仓库不应设置在地下或半地下 (2) 厂房内设置甲、乙类中间仓库时,其储量不宜超过一昼夜的需要量 (3) 甲、乙类中间仓库应靠外墙布置,并应采用防火墙和耐火极限不低于1.50h的不燃性楼板与其他部位分隔,中间仓库最好设置直通室外的出口 (4) 有爆炸危险的甲、乙类厂房的分控制室在受条件限制时可与厂房贴邻建造,但必须靠外墙设置,并采用耐火极限不低于3.00h的防火隔墙与其他部分隔开 (5) 厂房内不宜设置地沟,必须设置时,其盖板应严密,采取防止可燃气体、可燃蒸气及粉尘、纤维在地沟积聚的有效措施,且与相邻厂房连通处应采用防火材料密封

【重要考点】考点3　泄压面积的计算

泄压面积的计算公式如下:
$$A = 10CV^{2/3}$$
式中　A——泄压面积(m^2)
　　　V——厂房的容积(m^3)
　　　C——泄压比(m^2/m^3)

【一般考点】考点4　抗爆计算

对易爆建筑物在设计时需要有一个压力峰值的估算,作为确定窗户面积、屋盖轻重等的依据,使得易爆场所一旦发生燃爆能及时泄爆减压。最大爆炸压力计算公式如下:
$$\Delta p = 3 + 0.5 p_v + 0.04 \varphi^2$$
式中　Δp——最大爆炸压力(kPa)
　　　φ——泄压系数,房间体积与泄压面积之比
　　　p_v——泄压时的压力(kPa)
该公式不适用于大体积空间中爆炸压力估算和泄压计算

第十节　建筑电气防火、防爆

【一般考点】考点1　照明灯具防火

照明灯具的选型	(1)潮湿的厂房内和户外可采用封闭型灯具，也可采用有防水灯座的开启型灯具 (2)可能直接受外来机械损伤的场所以及移动式和携带式灯具，应采用有保护网(罩)的灯具
照明灯具的设置要求	(1)照明与动力合用一电源时，应有各自的分支回路，所有照明线路中均应有短路保护装置 (2)照明电压一般采用220V。36V以下照明供电变压器严禁使用自耦变压器 (3)插座不宜和照明灯接在同一分支回路中

【一般考点】考点 2　电气装置防火

- 开关防火
  - 开关应设在开关箱内，开关箱应加盖，并设在干燥处，不应安装在易燃、受震、潮湿、高温、多尘的场所
  - 在中性点接地的系统中，单极开关必须接在相线上

- 继电器防火
  - 继电器要安装在少震、少尘、干燥的场所，现场严禁有易燃、易爆物品存在

- 剩余电流保护装置防火
  - 在安装带有短路保护的剩余电流保护装置时，必须保证在电弧喷出方向有足够的飞弧距离。应注意剩余电流保护装置的工作条件，在高温、低温、高湿、多尘以及有腐蚀性气体的环境中使用时，应采取必要的辅助保护措施。接线时应注意分清负载侧与电源侧，应按规定接线，切忌接反。注意分清主电路与辅助电路的接线端子，不能接错。注意区分中性线和保护线

【一般考点】考点3　电动机防火

电动机的火灾原因	过载、断相运行、接触不良、绝缘损坏、机械摩擦、选型不当、铁损过大、接地不良
电动机的火灾预防措施	(1)合理选择功率和形式 (2)合理选择启动方式 (3)正确安装电动机 (4)应设置符合要求的保护装置 (5)启动符合规范要求 (6)加强运行监视 (7)加强电动机的运行维护

【一般考点】考点4　电气防爆检查的内容

【重要考点】考点5　电气防爆的基本措施

(1)宜将正常运行时产生火花、电弧和危险温度的电气设备及线路,布置在爆炸危险性较小或没有爆炸危险的环境内
(2)采用防爆的电气设备
(3)按有关电力设备接地设计技术规程规定的一般情况不需要接地的部分,在爆炸危险区域内仍应接地,电气设备的金属外壳应可靠接地
(4)设置漏电火灾报警和紧急断电装置
(5)安全使用防爆电气设备
(6)散发较空气重的可燃气体、可燃蒸气的甲类厂房以及有粉尘、纤维爆炸危险的乙类厂房,应采用不发火花的地面

【重要考点】考点6　防爆电气设备的选用原则

(1)电气设备的防爆形式应与爆炸危险区域相适应
(2)电气设备的防爆性能应与爆炸危险环境物质的危险性相适应;当区域存在两种以上爆炸危险物质时,电气设备的防爆性能应满足危险程度较高的物质要求。爆炸性气体环境内,防爆电气设备的类别和温度组别,应与爆炸性气体的分类、分级和分组相对应;可燃性粉尘环境内,防爆电气设备的最高表面温度应符合规范规定
(3)应与环境条件相适应
(4)应符合整体防爆的原则,安全可靠、经济合理、使用维修方便

第十一节 建筑设备防火、防爆

【一般考点】考点1 采暖设备、锅炉房、电力变压器本体的防火防爆措施

采暖设备 防火防爆措施	(1)采暖管道要与建筑物的可燃构件保持一定的距离 (2)电加热设备与送风设备的电气开关应有联锁装置,以防风机停转时,电加热设备仍单独继续加热,温度过高而引起火灾 (3)采用不燃材料 (4)车库内需要采暖时,应设置热水、蒸汽或热风等采暖设备,不应采用火炉或其他明火采暖方式,以防火灾事故的发生
锅炉房 防火防爆措施	(1)在总平面布局中,锅炉房应选择在主体建筑的下风或侧风方向 (2)锅炉房宜独立建造,但确有困难时可贴邻民用建筑布置,但应采用防火墙隔开,且不应贴邻人员密集场所 (3)燃油或燃气锅炉受条件限制必须布置在民用建筑内时,不应布置在人员密集场所的上一层、下一层或贴邻,锅炉房的门应直通室外或直通安全出口;外墙开口部位的上方应设置宽度不小于1m的不燃性防火挑檐或高度不小于1.2m的窗槛墙 (4)锅炉房为多层建筑时,每层至少应有两个出口,分别设在两侧,并设置安全疏散楼梯直达各层操作点 (5)锅炉房电力线路不宜采用裸线或绝缘线明敷,应采用金属管或电缆布线

(续)

电力变压器本体防火防爆措施	(1)防止变压器过载运行 (2)保证绝缘油质量 (3)防止变压器铁芯绝缘老化损坏 (4)防止检修不慎破坏绝缘 (5)保证导线接触良好 (6)防止雷击 (7)短路保护要可靠 (8)限制变压器接地电阻

【重要考点】考点2 通风与空调系统防火防爆的原则及措施

原则	(1)甲、乙类生产厂房中排出的空气不应循环使用,以防止排出的含有可燃物质的空气重新进入厂房,增加火灾危险性。丙类生产厂房中排出的空气,如含有燃烧或爆炸危险的粉尘、纤维,易造成火灾的迅速蔓延,应在通风机前设滤尘器对空气进行净化处理,并应使空气中的含尘浓度低于其爆炸下限的25%之后,再循环使用

(续)

原则	(2)通风和空气调节系统的管道布置，横向宜按防火分区设置，竖向不宜超过5层 (3)可燃气体管道和甲、乙、丙类液体管道不应穿过通风管道和通风机房，也不应沿通风管道的外壁敷设，以防甲、乙、丙类液体管道一旦发生火灾事故火情沿着通风管道蔓延扩散 (4)通风管道不宜穿过防火墙和不燃性楼板等防火分隔物，如必须穿过时，应在穿过处设防火阀
措施	(1)空气中含有容易起火或爆炸物质的房间，其送风、排风系统应采用防爆型的通风设备和不会产生火花的材料 (2)排除、输送有燃烧、爆炸危险的气体、蒸汽和粉尘的排风系统，应采用不燃材料并设有导除静电的接地装置 (3)排除、输送温度超过80℃的空气或其他气体以及容易起火的碎屑的管道，当上下布置时，表面温度较高者应布置在上面 (4)有熔断器的防火阀，其动作温度宜为70℃ (5)燃气锅炉房应选用防爆型的事故排风机。燃气锅炉房的正常通风量按换气次数不少于6次/h确定，事故排风量应按换气次数不少于12次/h确定

【一般考点】考点 3 燃油、燃气设施防火防爆措施

柴油发电机房防火防爆措施	(1)柴油发电机应采用丙类柴油作燃料,柴油的闪点不应小于60℃ (2)应采用耐火极限不低于2.00h的不燃烧体隔墙和1.50h的不燃烧性楼板与其他部位隔开,门应采用甲级防火门 (3)机房内设置储油间时,其总储存量不应大于$1m^3$,储油间应采用大于或等于3.00h的防火隔墙与发电机间分隔;确需在防火隔墙上开门时,应设置甲级防火门 (4)应设置火灾报警装置
直燃机防火防爆措施	(1)燃油直燃机房的油箱不应大于$1m^3$,并应设在耐火极限不低于二级的房间内,该房间的门应采用甲级防火门 (2)安全出口的疏散门应为甲级防火门,外墙开口部位的上方应设置宽度不小于1.00m为不燃烧性的防火挑檐或不小于1.20m的窗间墙 (3)机房应设置火灾自动报警系统 (4)应设置双回路供电,并应在末端配电箱处设自动切换装置
厨房设备防火防爆措施	(1)洒水喷头应选用公称动作温度为93℃的喷头,颜色为绿色 (2)对厨房内燃气、燃油管道、阀门必须进行定期检查,防止泄漏

第十二节　建筑装修和保温材料防火

【重要考点】考点1　常用建筑内部装修材料燃烧性能等级的划分

材料性质	级别	材料举例
各部位材料	A	花岗石、水泥制品、石膏板等
顶棚材料	B_1	纸面石膏板、水泥刨花板、玻璃棉装饰吸声板等
墙面材料	B_1	纸面石膏板、纤维石膏板、玻璃棉板等
墙面材料	B_2	各类天然木材、胶合板、天然材料壁纸等
地面材料	B_1	硬PVC塑料地板、水泥刨花板等
地面材料	B_2	半硬质PVC塑料地板、PVC卷材地板等

【一般考点】考点2　装修防火的通用要求

消防控制室	顶棚和墙面应采用A级装修材料，地面及其他装修应使用不低于B_1级的装修材料

(续)

疏散走道和安全出口	地上建筑的疏散走道和安全出口门厅的顶棚应采用 A 级装修材料，其他装修应采用不低于 B_1 级的装修材料。无自然采光楼梯间、封闭楼梯间、防烟楼梯间的顶棚、墙面和地面应采用 A 级装修材料
挡烟垂壁	防烟分区的挡烟垂壁，其装修材料应采用 A 级装修材料
变形缝	建筑内部的变形缝两侧的基层应采用 A 级材料，表面装修应采用不低于 B_1 级的装修材料
消火栓门	建筑内部消火栓的门不应被装饰物遮掩，消火栓门四周的装修材料颜色应与消火栓门的颜色有明显区别
配电箱	建筑内部的配电箱不应直接安装在低于 B_1 级的装修材料上
灯具和灯饰	照明灯具的高温部位，当靠近非 A 级装修材料时，应采取隔热、散热等防火保护措施 灯饰所用材料的燃烧性能等级不应低于 B_1 级

【一般考点】考点3　高层、单层、多层公共建筑装修防火的基准要求

高层公共建筑装修防火基准要求	高层民用建筑内各部位装修材料的燃烧性能等级不应低于相关规定要求 有些高层建筑内含有小型电影放映厅、报告厅、会议厅、餐厅等。在这些地方，人员密度大且流动性大，因此对这些部位的装修应进行特别的规定
单层、多层公共建筑装修防火基准要求	单层、多层民用建筑内各部位装修材料的燃烧性能等级不应低于相关规定要求。对建筑面积较大、人员密集的候机楼、客运站、影剧院、商场营业厅等场所内部装修要求较高

【重要考点】考点4　建筑装修检查

内部装修检查	建筑内部装修检查的内容有：装修功能与原建筑分类的一致性；装修工程的平面布置；装修材料燃烧性能等级；装修对疏散设施的影响；装修对消防设施的影响；照明灯具和配电箱的安装；公共场所内阻燃制品标识的张贴 用电设施是引起电气火灾事故的重要因素，检查中应重点核查重点区域电气设施的安装情况。检查要求为：

(续)

内部装修检查	(1) 开关、插座、配电箱不得直接安装在低于 B_1 级的装修材料上，安装在 B_1 级以下的材料基座上时，必须采用具有良好隔热性能的不燃材料隔绝 (2) 白炽灯、卤钨灯、荧光高压汞灯、镇流器等不得直接设置在可燃装修材料或可燃构件上 (3) 照明灯具的高温部位，当靠近非 A 级装修材料时，采取隔热、散热等防火保护措施。灯饰所用材料的燃烧性能等级不得低于 B_1 级
外墙装饰检查	建筑外墙装饰检查的内容有：装饰材料的燃烧性能；广告牌的设置位置；设置发光广告牌墙体的燃烧性能

【高频考点】考点5　建筑外保温系统防火

基本原则	建筑的内、外保温系统宜采用燃烧性能为 A 级的保温材料，不宜采用 B_2 级保温材料，严禁采用 B_3 级保温材料

(续)

通用要求	采用内保温系统的建筑外墙，保温材料应采用不燃烧材料做防护层，采用燃烧性能为 B_1 级的保温材料时，防护层厚度不应小于10mm 采用外保温系统的建筑外墙，当住宅建筑高度大于100m时，保温材料的燃烧性能应为 A 级；大于27m，但不大于100m时，保温材料的燃烧性能不应低于 B_1 级；不大于27m时，保温材料的燃烧性能不应低于 B_2 级 建筑外墙外保温系统与基层墙体、装饰层之间的空腔，应在每层楼板处采用防火封堵材料封堵 当建筑的屋面和外墙外保温系统均采用 B_1、B_2 级保温材料时，屋面与外墙之间应采用宽度不小于500mm的不燃材料设置防火隔离带进行分隔 建筑外墙的装饰层应采用燃烧性能为 A 级的材料，但建筑高度不大于50m时，可采用 B_1 级材料

第二篇　消防设施防火

第一节　消防设施的概述

【一般考点】考点1　消防设施的设置要求

(1)进行消防专项设计,并由住房和城乡建设主管部门进行消防设计审核、消防验收或者备案抽查

(2)建筑消防设施的安装单位应具备相应等级的专业施工资质,并按图施工,确保工程质量符合相关技术标准要求

(3)建筑消防设施产品应当符合国家标准或者行业标准

(4)建筑物的建设单位、工程监理单位和建筑消防设施的设计单位、施工单位、设计审核单位、竣工验收单位,应依法对建筑消防设施工程的质量负责

(5)配置火灾自动报警系统的单位应当与城市火灾自动报警信息系统联网,并确保其正常运行

【重要考点】考点 2　消防设施的安装调试与维护管理

安装	消防设施施工安装以经法定机构批准或者备案的消防设计文件、国家工程建设消防技术标准为依据；经批准或者备案的消防设计文件不得擅自变更，确需变更的，由原设计单位修改，报经原批准机构批准后，方可用于施工安装
调试	各类消防设施施工结束后，由施工单位或者其委托的具有调试能力的其他单位组织实施消防设施调试
维护管理	消防设施的维护管理包括值班、巡查（公共娱乐场所营业期间，每2h组织1次综合巡查，消防安全重点单位每日至少对消防设施巡查1次）、检测、维修、保养、建档等工作

第二节 消防给水设施

【重要考点】考点1　消防给水管网的试压、冲洗及维护管理

试压、冲洗		(1) 管网安装完毕后,要对其进行强度试验、冲洗和严密性试验 (2) 管网冲洗在试压合格后分段进行。冲洗顺序先室外,后室内;先地下,后地上;室内部分的冲洗应按配水干管、配水管、配水支管的顺序进行 (3) 水压严密性试验在水压强度试验和管网冲洗合格后进行。试验压力为设计工作压力,稳压24h,应无泄漏 (4) 气压严密性试验的介质宜采用空气或氮气,试验压力应为0.28MPa,且稳压24h,压力降不大于0.01MPa
维护管理	供水设施	(1) 每月应手动启动消防水泵运转一次,并检查供电电源的情况 (2) 每周应模拟消防水泵自动控制的条件自动启动消防水泵运转一次,且自动记录自动巡检情况,每月应检测记录 (3) 每日对稳压泵的停泵启泵压力和启泵次数等进行检查和记录运行情况 (4) 每季度应对消防水泵的出流量和压力进行一次试验 (5) 每月对气压水罐的压力和有效容积等进行一次检测

(续)

维护管理	给水管网	(1) 每月对电动阀和电磁阀的供电和启闭性能进行检测 (2) 每季度对室外阀门井中、进水管上的控制阀进行一次检查，并应核实其处于全开启状态 (3) 每季度对系统所有的末端试水阀和报警阀的放水试验阀进行一次放水试验，并应检查系统启动、报警功能以及出水情况是否正常

【重要考点】考点2　消防水泵设置要求、选用、串联、并联及吸水

设置要求	需设置消防水泵的系统：临时高压消防给水系统、高压消防给水系统、串联消防给水系统和重力消防给水系统。其中，串联消防给水系统和重力消防给水系统除需设置消防水泵外，还需设置消防转输泵 设置备用泵：设置消防水泵、消防转输泵时均应设置 《消防给水及消火栓系统技术规范》(GB 50974—2014) 第5.1.10条规定，消防水泵应设置备用泵，其性能应与工作泵性能一致，但下列建筑除外： (1) 建筑高度小于54m的住宅和室外消防给水设计流量小于或等于25L/s的建筑 (2) 室内消防给水设计流量小于或等于10L/s的建筑

(续)

选用	《消防给水及消火栓系统技术规范》(GB 50974—2014)第5.1.6条规定，消防水泵的选择和应用应符合下列规定：①消防水泵的性能应满足消防给水系统所需流量和压力的要求；②消防水泵所配驱动器的功率应满足所选水泵流量扬程性能曲线上任何一点运行所需功率的要求；③当采用电动机驱动的消防水泵时，应选择电动机干式安装的消防水泵；④流量扬程性能曲线应为无驼峰、无拐点的光滑曲线，零流量时的压力不应大于设计工作压力的140%，且宜大于设计工作压力的120%；⑤当出流量为设计流量的150%时，其出口压力不应低于设计工作压力的65%；⑥泵轴的密封方式和材料应满足消防水泵在低流量时运转的要求；⑦消防给水同一泵组的消防水泵型号宜一致，且工作泵不宜超过3台；⑧多台消防水泵并联时，应校核流量叠加对消防水泵出口压力的影响 《消防给水及消火栓系统技术规范》(GB 50974—2014)第5.1.8条规定，当采用柴油机消防水泵时应符合下列规定：①柴油机消防水泵应采用压缩式点火型柴油机；②柴油机的额定功率应校核海拔高度和环境温度对柴油机功率的影响；③柴油机消防水泵应具备连续工作的性能，试验运行时间不应小于24h；④柴油机消防水泵的蓄电池应保证消防水泵随时自动启泵的要求；⑤柴油机消防水泵的供油箱应根据火灾延续时间确定，且油箱最小有效容积应按1.5L/kW配置，柴油机消防水泵油箱内储存的燃料不应小于50%的储量

(续)

串联、并联	消防水泵的串联在流量不变时,可以增加扬程。消防水泵并联的作用是:增大流量,但在流量叠加的时候,系统的流量会下降,选泵时应注意,因此应当加大单台消防水泵的流量
吸水	《消防给水及消火栓系统技术规范》(GB 50974—2014)第5.1.12条规定,消防水泵吸水应符合下列规定:①消防水泵应采取自灌式吸水;②消防水泵从市政管网直接抽水时,应在消防水泵出水管上设置有空气隔断的倒流防止器;③当吸水口处无吸水井时,吸水口处应设置旋流防止器

【重要考点】考点3 消防水泵管路的设置与消防水泵检测验收

消防水泵管路的设置	吸水管	(1)一组消防水泵,吸水管不应少于两条 (2)消防水泵吸水管的直径小于DN250时,其流速宜为1.0~1.2m/s;直径大于DN250时,其流速宜为1.2~1.6m/s (3)消防水泵的吸水管穿越消防水池时,应采用柔性套管;采用刚性防水套管时应在水泵吸水管上设置柔性接头,且管径不应大于DN150 (4)消防水泵吸水管可设置管道过滤器 (5)消防水泵吸水管水平管段上不应有气囊和漏气现象

		(续)
消防水泵管路的设置	出水管	(1)消防水泵的出水管上应设止回阀、明杆闸阀；当采用蝶阀时，应带有自锁装置；当管径大于DN300时，宜设置电动阀门 (2)消防水泵出水管的直径小于DN250时，其流速宜为1.5~2.0m/s；直径大于DN250时，其流速宜为2.0~2.5m/s (3)系统的总出水管上应安装压力表和压力开关；压力表量程在没有设计要求时，应为系统工作压力的2~2.5倍
消防水泵的检测验收		(1)消防水泵应采用自灌式引水或其他可靠的引水措施 (2)打开消防水泵出水管上试水阀，当采用主电源启动消防水泵时，消防水泵应启动正常；关掉主电源，主、备电源应能正常切换；消防水泵就地和远程启/停功能应正常，并向消防控制室反馈状态信号 (3)在阀门出口用压力表检查消防水泵停泵时，水锤消除设施后的压力不应超过消防水泵出口设计额定压力的1.4倍 (4)消防水泵启动控制按钮应置于自动启动档

【一般考点】考点4 消防供水管道的布置要求

室外消防给水管道	(1)室外消防给水采用两路消防供水时，应布置成环状，但当采用一路消防供水时，可布置成枝状

(续)

室外消防给水管道	(2)向环状管网输水的进水管不应少于两条，当其中一条发生故障时，其余的进水管应能满足消防用水总量的供给要求 (3)消防给水管道应采用阀门分成若干独立段，每段内室外消火栓的数量不宜超过5个 (4)管道的直径应根据流量、流速和压力要求经计算确定，但不应小于DN100，有条件的应不小于DN150
室内消防给水管道	(1)室内消火栓竖管管径应根据竖管最低流量经计算确定，但不应小于DN100 (2)消防给水管道的设计流速不宜大于2.5m/s

【重要考点】考点5 消防水泵接合器的设置要求

(1)消防水泵接合器的给水流量宜按每个10~15L/s计算
(2)临时高压消防给水系统向多座建筑供水时，消防水泵接合器应在每座建筑就近设置
(3)消防给水为竖向分区供水时，在消防车供水压力范围内的分区，应分别设置水泵接合器
(4)水泵接合器应设在室外便于消防车使用的地点，且距室外消火栓或消防水池的距离不宜小于15m，并不宜大于40m

(续)

(5) 墙壁消防水泵接合器的安装高度距地面宜为 0.7m；与墙面上的门、窗、孔、洞的净距离不应小于 2m，且不应安装在玻璃幕墙下方；地下消防水泵接合器的安装，应使进水口与井盖底面的距离不大于 0.4m，且不应小于井盖的半径

【高频考点】考点 6　消防水池和消防水箱的设置

消防水池	(1) 消防水池进水管应根据其有效容积和补水时间确定，补水时间不宜大于 48h，但当消防水池有效总容积大于 2000m³ 时，不应大于 96h，消防水池进水管管径应经计算确定，且不应小于 DN100 (2) 消防水池的总蓄水有效容积大于 500m³ 时，宜设两格能独立使用的消防水池；当大于 1000m³ 时，应设置能独立使用的两座消防水池 (3) 消防水池应设置就地水位显示装置，并应在消防控制中心或值班室等地点设置显示消防水池水位的装置，同时应有最高和最低水位报警装置
消防水箱	(1) 高位消防水箱的设置位置应高于其所服务的水灭火设施，且最低有效水位应满足水灭火设施最不利点处的静水压力，其具体设置要求如下： 1) 一类高层公共建筑，不应低于 0.10MPa，当建筑高度超过 100m 时，不应低于 0.15MPa 2) 高层住宅、二类高层公共建筑、多层公共建筑，不应低于 0.07MPa；多层住宅不宜低于 0.07MPa

(续)

消防水箱	3）工业建筑，不应低于0.1MPa，当建筑体积小于20000m^3时，不宜低于0.07MPa 4）自动喷水灭火系统等自动水灭火系统应根据喷头灭火需求压力确定，但最小不应小于0.1MPa （2）高层民用建筑、总建筑面积大于10000m^2且层数超过2层的公共建筑和其他重要建筑，必须设置高位消防水箱

第三节 消火栓系统

【重要考点】考点1 室外消火栓的设置范围

《建筑设计防火规范》（GB 50016—2014）（2018年版）中第8.1.2条规定，城镇（包括居住区、商业区、开发区、工业区等）应沿可通行消防车的街道设置市政消火栓系统
民用建筑、厂房、仓库、储罐（区）和堆场周围应设置室外消火栓系统
用于消防救援和消防车停靠的屋面上，应设置室外消火栓系统

注：耐火等级不低于二级且建筑体积不大于3000m^3的戊类厂房，居住区人数不超过500人且建筑层数不超过2层的居住区，可不设置室外消火栓系统。

【重要考点】考点2　室外消火栓系统的设置要求

市政消火栓	(1) 市政消火栓宜采用直径 DN150 的室外消火栓 (2) 市政桥桥头和城市交通隧道出入口等市政公用设施处，应设置市政消火栓，其保护半径不应超过 150m，间距不应大于 120m (3) 市政消火栓距路边不宜小于 0.5m，并不应大于 2.0m，距建筑外墙或外墙边缘不宜小于 5m (4) 当市政给水管网设有市政消火栓时，其平时运行工作压力不应小于 0.14MPa，火灾时水力最不利市政消火栓的出流量不应小于 15L/s，且供水压力从地面算起不应小于 0.1MPa
室外消火栓	(1) 建筑室外消火栓的数量应根据室外消火栓设计流量和保护半径经计算确定，保护半径不应大于 150m，每个室外消火栓的出流量宜按 10~15L/s 计算，室外消火栓宜沿建筑周围均匀布置，且不宜集中布置在建筑一侧；建筑消防扑救面一侧的室外消火栓数量不宜少于 2 个 (2) 人防工程、地下工程等建筑应在出入口附近设置室外消火栓，距出入口的距离不宜小于 5m，并不宜大于 40m

【重要考点】考点3　室外消火栓的检测验收

> 室外消火栓应符合的规定：室外消火栓的选型、规格、数量、安装位置应符合设计要求；同一建筑物内设置的室外消火栓应采用统一规格的栓口及配件；室外消火栓应设置明显的永久性固定标志；室外消火栓水量及压力应满足要求

【一般考点】考点4　室内消火栓系统的设置场所

应设置的场所	(1) 建筑占地面积大于 $300m^2$ 的厂房(仓库) (2) 体积大于 $5000m^3$ 的车站、码头、机场的候车(船、机)建筑、展览建筑、商店建筑、旅馆建筑、医疗建筑和图书馆建筑等单、多层建筑 (3) 特等、甲等剧场，超过 800 个座位的其他等级的剧场和电影院等，超过 1200 个座位的礼堂、体育馆等单、多层建筑 (4) 建筑高度大于 15m 或体积大于 $10000m^3$ 的办公建筑、教学建筑和其他单、多层民用建筑 (5) 高层公共建筑和建筑高度大于 21m 的住宅建筑

（续）

可不设置的场所	（1）存有与水接触能引起燃烧、爆炸的物品的建筑物和室内没有生产、生活给水管道，室外消防用水取自储水池且建筑体积不大于 $5000m^3$ 的其他建筑 （2）耐火等级为一、二级且可燃物较少的单层、多层丁、戊类厂房（仓库），耐火等级为三、四级且建筑体积不大于 $3000m^3$ 的丁类厂房；耐火等级为三、四级且建筑体积不大于 $5000m^3$ 的戊类厂房（仓库） （3）粮食仓库、金库以及远离城镇且无人值班的独立建筑

【高频考点】考点5 室内消火栓系统的设置要求

设置位置	建筑室内消火栓栓口离地面的高度为1.1m，其出水方向应便于消防水带的敷设，并宜与设置消火栓的墙面成90°角或向下
布置间距	室内消火栓宜按直线距离计算其布置间距，当消火栓按2支消防水枪的2股充实水柱布置的建筑物，其布置间距不应大于30m；按1支消防水枪的1股充实水柱布置的建筑物，布置间距不应大于50m

(续)

栓口压力和 消防水枪充实水柱	消火栓栓口动压不应大于0.5MPa，当大于0.7MPa时，必须设置减压装置 高层建筑、厂房、库房和室内净空高度超过8m的民用建筑等场所，其消火栓栓口动压不应小于0.35MPa，且消防水枪充实水柱应达到13m；其他场所的消火栓栓口动压不应小于0.25MPa，且消防水枪充实水柱应达到10m

【重要考点】考点6 室内消火栓系统的检测验收

室内消火栓	室内消火栓应符合下列规定： (1)室内消火栓的选型、规格应符合设计要求 (2)同一建筑物内设置的消火栓应采用统一规格的栓口、消防水枪和消防水带及配件 (3)试验用消火栓栓口处应设置压力表 (4)当消火栓设置减压装置时，减压装置应符合设计要求 (5)室内消火栓应设置明显的永久性固定标志

(续)

消火栓箱	消火栓箱应符合下列规定： （1）消火栓栓口出水方向宜向下或与设置消火栓的墙面成90°角，栓口不应安装在门轴侧 （2）如设计未要求，消火栓栓口中心距地面应为1.1m，但每栋建筑物应一致，允许偏差±20mm （3）阀门的设置位置应便于操作使用，阀门的中心距侧面为140mm，距箱后内表面为100mm，允许偏差±5mm （4）室内消火栓箱的安装应平正、牢固，暗装的消火栓箱不能破坏隔墙的耐火等级 （5）消火栓箱体安装的垂直度允许偏差为±3mm （6）消火栓箱门的开启角度应不小于160°

第四节　自动喷水灭火系统

【重要考点】考点1　自动喷水灭火系统的概述

闭式系统	湿式自动喷水灭火系统	组成：由闭式喷头、湿式报警阀组、水流指示器或压力开关、供水与配水管道以及供水设施等组成

(续)

闭式系统	湿式自动喷水灭火系统	启动原理：在准工作状态下，管道内充满用于启动系统的有压水 适用范围：适合在温度不低于4℃且不高于70℃的环境中使用
	干式自动喷水灭火系统	组成：由闭式喷头、干式报警阀组、水流指示器或压力开关、供水与配水管道、充气设备以及供水设施等组成 启动原理：在准工作状态下，配水管道内充满用于启动系统的有压气体 适用范围：适用于环境温度低于4℃或高于70℃的场所
	预作用自动喷水灭火系统	组成：由闭式喷头、预作用装置、水流报警装置、供水与配水管道、充气设备和供水设施等组成 适用范围：在低温和高温环境中可替代干式系统
开式系统	雨淋系统	组成：由开式喷头、雨淋报警阀组、水流报警装置、供水与配水管道以及供水设施等组成 适用范围：主要适用于需大面积喷水、快速扑灭火灾的特别危险场所

(续)

开式系统	水幕系统	组成：由开式洒水喷头或水幕喷头、雨淋报警阀组或感温雨淋报警阀组、供水与配水管道、控制阀以及水流报警装置等组成 适用范围：适用于局部防火分隔处

【重要考点】考点2　民用建筑和工业厂房采用湿式系统设计基本参数

火灾危险等级		最大净空高度 h/m	喷水强度 $/[L/(min \cdot m^2)]$	作用面积 $/m^2$
轻危险级		≤8	4	160
中危险级	Ⅰ级		6	
	Ⅱ级		8	
严重危险级	Ⅰ级		12	260
	Ⅱ级		16	

注：系统最不利点处洒水喷头的工作压力不应低于0.05MPa。

【高频考点】考点3　自动喷水灭火系统主要组件及设置要求

喷头	现场检查	喷头装配性能检查，喷头外观标志检查(喷头溅水盘或者本体上至少具有型号规格、生产厂商名称或者商标、生产时间、响应时间指数等永久性标识)，喷头外观质量检查，闭式喷头密封性能试验，质量偏差检查
	喷头选型	在不设吊顶的场所内设置喷头，当配水支管布置在梁下时，应采用直立型喷头
	设置要求	(1)同一场所内的喷头应布置在同一个平面上，并应贴近顶板安装，使闭式喷头处于有利于接触火灾热气流的位置 (2)直立型、下垂型标准喷头溅水盘与顶板的距离不应小于75mm，且不大于150mm (3)当在梁或其他障碍物的下方布置喷头时，喷头与顶板之间的距离不得大于300mm (4)在梁间布置的喷头，在符合喷头与梁等障碍物之间距离规定的前提下，喷头溅水盘与顶板的距离不应大于550mm，以避免洒水遭受阻挡

(续)

报警阀组		一个报警阀组控制的喷头数,对于湿式系统、预作用系统不宜超过800只,对于干式系统不宜超过500只
水流指示器	安装要求	(1)水流指示器桨片、膜片竖直安装在水平管道上侧,其动作方向与水流方向一致 (2)水流指示器安装后,其桨片、膜片动作灵活,不得与管壁发生碰擦 (3)同时使用信号阀和水流指示器控制的自动喷水灭火系统,信号阀安装在水流指示器前的管道上,与水流指示器间的距离不小于300mm
	技术检测方法	(1)安装前,检查管道试压和冲洗记录,对照图样检查、核对产品规格型号 (2)目测检查电气元件的安装位置,开启试水阀门放水,检查水流指示器的水流方向 (3)放水检查水流指示器桨片、膜片动作情况,检查有无卡阻、碰擦等情况 (4)采用卷尺测量信号阀与水流指示器的距离

【重要考点】考点4　自动喷水灭火系统联动调试与检测

湿式系统	调试检测内容	系统控制装置设置为"自动"控制方式，启动一只喷头或者开启末端试水装置，流量保持在0.94~1.5L/s，水流指示器、报警阀、压力开关、水力警铃和消防水泵等及时动作，并有相应组件的动作信号反馈到消防联动控制设备
	检测方法	打开阀门放水，使用流量计、压力表核定流量、压力，目测观察系统动作情况
干式系统	调试检测内容	系统控制装置设置为"自动"控制方式，启动一只喷头或者模拟一只喷头的排气量排气，报警阀、压力开关、水力警铃和消防水泵等及时动作并有相应的组件信号反馈
	检测方法	目测观察

第二篇 消防设施防火 79

(续)

预作用系统、雨淋系统、水幕系统	调试检测内容	系统控制装置设置为"自动"控制方式,采用专用测试仪表或者其他方式,模拟火灾自动报警系统输入各类火灾探测信号,报警控制器输出声光报警信号,启动自动喷水灭火系统。采用传动管启动的雨淋系统、水幕系统联动试验时,启动一只喷头,雨淋报警阀打开,压力开关动作,消防水泵启动,并有相应组件信号反馈
	检测方法	目测观察

【重要考点】考点 5　自动喷水灭火系统报警阀组功能检测要求

湿式报警阀组	(1)开启末端试水装置,出水压力不低于 0.05MPa,水流指示器、湿式报警阀、压力开关动作 (2)报警阀动作后,测量水力警铃声强,不得低于 70dB (3)开启末端试水装置 5min 内,消防水泵自动启动 (4)消防控制设备准确接收并显示水流指示器、流量开关、压力开关及消防水泵的反馈信号

(续)

干式报警阀组	(1) 开启末端试水装置,报警阀组,压力、流量开关动作,联动启动排气阀入口电动阀和消防水泵,水流指示器报警 (2) 水力警铃报警,水力警铃声强值不得低于70dB (3) 开启末端试水装置1min后,其出水压力不得低于0.05MPa (4) 消防控制设备准确显示水流指示器、流量开关、压力开关、电动阀及消防水泵的反馈信号

【高频考点】考点6 湿式报警阀组常见故障分析

报警阀组漏水	故障原因分析	(1) 排水阀门未完全关闭 (2) 阀瓣密封垫老化或者损坏 (3) 系统侧管道接口渗漏 (4) 报警管路测试控制阀渗漏 (5) 阀瓣组件与阀座之间因变形或者污垢、杂物阻挡出现不密封状态

（续）

报警阀组漏水	故障处理	(1)关紧排水阀门 (2)更换阀瓣密封垫 (3)检查系统侧管道接口渗漏点，密封垫老化、损坏的，更换密封垫；密封垫错位的，重新调整密封垫位置；管道接口锈蚀、磨损严重的，更换管道接口相关部件 (4)更换报警管路测试控制阀 (5)先放水冲洗阀体、阀座，存在污垢、杂物的，经冲洗后，渗漏减少或者停止；否则，关闭进水口侧和系统侧控制阀，卸下阀板，仔细清洁阀板上的杂质；拆卸报警阀阀体，检查阀瓣组件、阀座，存在明显变形、损伤、凹痕的，更换相关部件
水力警铃工作不正常	故障原因分析	(1)产品质量问题或者安装调试不符合要求 (2)控制口阻塞或者铃锤机构被卡住
	故障处理	(1)属于产品质量问题的，更换水力警铃；安装缺少组件或者未按照图样安装的，重新进行安装调试 (2)拆下喷嘴、叶轮及铃锤组件，进行冲洗，重新装好，使叶轮转动灵活；清理管路堵塞处

(续)

开启测试阀，消防水泵不能正常启动	故障原因分析	(1) 压力开关设定值不正确 (2) 电气元件损坏 (3) 水泵控制柜未设定在"自动"状态
	故障处理	(1) 将流量开关、压力开关内的调压螺母调整到规定值 (2) 检查控制柜控制回路或更换电气元件 (3) 将控制模式设定为"自动"状态

第五节 水喷雾灭火系统

【一般考点】考点 1 水喷雾灭火系统的灭火机理及适用范围

灭火机理	表面冷却、窒息、乳化和稀释
适用范围	以灭火为目的的水喷雾灭火系统主要适用于：固体火灾、可燃液体火灾、电气火灾 以防护冷却为目的的水喷雾灭火系统主要适用于：可燃气体和甲、乙、丙类液体的生产、储存装置、装卸设施的防护冷却；火灾危险性大的化工装置及管道，如加热器、反应器、蒸馏塔等的冷却防护

【重要考点】考点2　水喷雾灭火系统设计参数

水雾喷头的 工作压力	用于灭火目的时，水雾喷头的工作压力不应小于0.35MPa；用于防护冷却目的时，水雾喷头的工作压力不应小于0.2MPa。但对于甲$_B$、乙、丙类液体储罐不应小于0.15MPa
水喷雾灭火 系统的保护面积	按保护对象的规则外表面面积确定

【重要考点】考点3　水喷雾灭火系统组件及设置要求

水雾喷头	水雾喷头的布置应使水雾直接喷射和完全覆盖保护对象，如不能满足要求，应增加水雾喷头的数量；水雾喷头与保护对象之间的距离不得大于水雾喷头的有效射程
雨淋阀	(1)雨淋阀组宜设在环境温度不低于4℃，并有排水设施的室内 (2)寒冷地区的雨淋阀组应采用电伴热或蒸汽伴热进行保温 (3)并联设置的雨淋阀组，雨淋阀入口处应设止回阀 (4)雨淋阀前的管道应设置可冲洗的过滤器 (5)雨淋阀的试水口应接入可靠的排水设施

(续)

管道	系统管道的工作压力不应大于1.6MPa;采用镀锌钢管时,管径不应小于25mm;采用不锈钢管或铜管时,管径不应小于20mm

【一般考点】考点4　水喷雾灭火系统调试方法

(1)报警阀调试宜利用检测、试验管道进行。自动和手动方式启动的雨淋报警阀,应在15s之内启动;公称直径大于200mm的报警阀调试时,应在60s之内启动;报警阀调试时,当报警水压为0.05MPa,水力警铃应发出报警铃声

(2)水喷雾系统的联动试验,可采用专用测试仪表或其他方式。对火灾自动报警系统的各种探测器输入模拟火灾信号,火灾自动报警控制器应发出声光报警信号并启动水喷雾灭火系统。采用传动管启动的水喷雾系统联动试验时,启动一只喷头或试水装置,雨淋阀打开,压力开关动作,水泵启动

(3)调试过程中,系统排出的水应通过排水设施全部排走

【重要考点】考点5　水喷雾灭火系统检测与验收

报警阀组	(1)报警阀安装地点的常年温度应不小于4℃ (2)水力警铃的设置位置应正确。测试时,水力警铃喷嘴处压力不应小于0.05MPa,且距水力警铃3m远处警铃声强不应小于70dB

报警阀组	(3)打开手动试水阀或电磁阀时，报警阀组动作应可靠 (4)控制阀均应锁定在常开位置
喷头	(1)喷头设置场所、规格、型号等应符合设计要求 (2)喷头安装间距，以及喷头与障碍物的距离应符合设计要求 (3)各种不同规格的喷头均应有一定数量的备用品，其数量不应小于安装总数的1%，且每种备用喷头不应少于10个

第六节 细水雾灭火系统

【一般考点】考点1 细水雾的灭火机理

> 细水雾的灭火机理主要是表面冷却、窒息、辐射热阻隔和浸湿作用。除此之外，细水雾还具有乳化等作用，而在灭火过程中，往往会有几种作用同时发生，从而有效灭火

【重要考点】考点2 细水雾灭火系统的适用情况

适用范围	细水雾灭火系统适用于扑救以下火灾：可燃固体火灾（A类）、可燃液体火灾（B类）、电气火灾（E类） 细水雾灭火系统可以有效扑救电气火灾，包括电缆、控制柜等电子、电气设备火灾和变压器火灾等
不适用范围	（1）细水雾灭火系统不适用于能与水发生剧烈反应或产生大量有害物质的活泼金属及其化合物火灾 （2）细水雾灭火系统不适用于可燃气体火灾，包括液化天然气等低温液化气体的场合 （3）细水雾灭火系统不适用于可燃固体深位火灾

【一般考点】考点3 细水雾灭火系统组件及设置要求

喷头	（1）闭式系统的喷头布置应能保证细水雾喷放均匀并完全覆盖保护区域；喷头与墙壁的距离不应大于喷头最大布置间距的1/2 （2）对于电缆隧道或夹层，开式系统喷头宜布置在电缆隧道或夹层的上部，并应使细水雾完全覆盖整个电缆或电缆桥架

(续)

喷头	(3)采用局部应用方式的开式系统,其喷头布置应能保证细水雾完全包容或覆盖保护对象或部位,喷头与保护对象的距离不宜小于0.5m
控制阀	开式系统应按防护区设置分区控制阀,闭式系统应按楼层或防火分区设置分区控制阀。分区控制阀宜靠近防护区设置,并应设置在防护区外便于操作、检查和维护的位置
试水阀	试水阀的接口大小应与管网末端的管道一致,测试水的排放不应对人员和设备等造成危害

【一般考点】考点4 细水雾灭火系统供水设施安装要求

泵组	(1)用螺栓连接的方法直接将泵组安装在泵组基础上,或者将泵组用螺栓连接的方式连接到角铁架上 (2)系统采用柱塞泵时,泵组安装后需要充装和检查曲轴箱内的油位
储水箱	(1)安装在便于检查、测试和维护维修的位置 (2)避免暴露于恶劣气象条件,以及化学的、物理的或是其他形式的损坏条件下 (3)储水箱所处的环境温度满足制造商使用说明书相关内容的要求

【一般考点】考点5　细水雾灭火系统管网试压、吹扫要求

试压要求	水压试验	(1)试验的测试点设在系统管网的最低点 (2)管网注水时,将管网内的空气排净,缓慢升压 (3)当压力升至试验压力后,稳压5min,管道无损坏、变形,再将试验压力降至设计压力,稳压120min
	气压试验	(1)试验介质为空气或氮气 (2)干式和预作用系统的试验压力为0.28MPa,且稳压24h,压力降不大于0.01MPa (3)双流体系统气体管道的试验压力为水压强度试验压力的80%
吹扫要求		(1)采用压缩空气或氮气吹扫 (2)吹扫压力不大于管道的设计压力 (3)吹扫气体流速不小于20m/s

【重要考点】考点6　细水雾灭火系统常见故障分析

调节水箱低液位报警或断水停泵	故障原因分析	(1)过滤器进水压力低 (2)过滤器滤芯堵塞 (3)进水电磁阀异物堵塞
	故障处理	(1)保证进水压力不低于0.2MPa (2)清洗或更换滤芯 (3)清理进水电磁阀
高压球阀渗漏	故障原因分析	(1)管道内水有杂质割伤密封垫 (2)手柄紧定六角螺钉松动 (3)O形密封圈损坏
	故障处理	(1)更换密封垫并清洗管道 (2)旋紧紧定六角螺钉 (3)更换O形密封圈

(续)

压力开关报警	故障原因分析	(1)高压球阀渗漏 (2)高压球阀未关闭到位 (3)压力开关未复位 (4)压力开关损坏
	故障处理	(1)见"高压球阀渗漏"的故障处理方法 (2)用手柄将电动阀关闭至零位 (3)按下压力开关进行复位 (4)更换压力开关

第七节 气体灭火系统

【一般考点】考点1 气体灭火系统的应用

类型	适用范围	不适用范围
二氧化碳灭火系统	可用于扑救：灭火前可切断气源的气体火灾，液体火灾或石蜡、沥青等可熔化的固体火灾，固体表面火灾及棉毛、织物、纸张等部分固体深位火灾，电气火灾	不得用于扑救：硝化纤维、火药等含氧化剂的化学制品火灾，钾、钠、镁、钛、锆等活泼金属火灾，氢化钾、氢化钠等金属氢化物火灾

(续)

类型	适用范围	不适用范围
七氟丙烷灭火系统	适于扑救：电气火灾，液体表面火灾或可熔化的固体火灾，固体表面火灾；灭火前可切断气源的气体火灾	不得用于扑救下列物质的火灾：含氧化剂的化学制品及混合物，活泼金属，金属氢化物，能自行分解的化学物质等
其他气体灭火系统	适用于扑救：电气火灾、固体表面火灾、液体火灾和灭火前能切断气源的气体火灾	不适用于扑救下列火灾：硝化纤维、硝酸钠等氧化剂或含氧化剂的化学制品火灾，钾、镁、钠、钛、锆、铀等活泼金属火灾，氢化钾、氢化钠等金属氢化物火灾，过氧化氢、联胺等能自行分解的化学物质火灾等

【重要考点】考点 2　气体灭火系统设置的安全要求

(1) 设置气体灭火系统的防护区应设疏散通道和安全出口，保证防护区内所有人员能在 30s 内撤离完毕

(2) 防护区内的疏散通道及出口，应设消防应急照明灯具和疏散指示标志灯

(续)

> (3)防护区的门应向疏散方向开启,并能自行关闭;用于疏散的门必须能从防护区内打开
> (4)灭火后的防护区应通风换气
> (5)储瓶间的门应向外开启,储瓶间内应设应急照明
> (6)防护区内设置的预制灭火系统的充压压力不应大于2.5MPa

【一般考点】考点3　其他气体灭火系统的操作与控制

> 管网灭火系统应设自动控制、手动控制和机械应急操作三种启动方式。预制灭火系统应设自动控制和手动控制两种启动方式
> 自动控制装置应在接到两个独立的火灾信号后才能启动。手动控制装置和手动与自动转换装置应设在防护区疏散出口的门外便于操作的地方,安装高度为中心点距地面1.5m。机械应急操作装置应设在储瓶间内或防护区疏散出口门外便于操作的地方

【一般考点】考点4　气体灭火系统组件的安装要求

灭火剂储存装置	(1)灭火剂储存装置安装后，泄压装置的泄压方向不应朝向操作面 (2)集流管上泄压装置的泄压方向不应朝向操作面 (3)连接储存容器与集流管间的单向阀的流向指示箭头，应指向介质流动方向
阀驱动装置的安装	(1)安装重力式机械驱动装置时，应保证重物在下落过程中无阻挡，其下落行程要保证驱动所需距离，且不小于25mm (2)电磁驱动装置驱动器的电气连接线要沿固定灭火剂储存容器的支架、框架或墙面固定 (3)气动驱动装置的管道安装后，要进行气压严密性试验
控制组件	(1)设置在防护区处的手动、自动转换开关应安装在防护区入口且便于操作的部位，安装高度为中心点距地(楼)面1.5m (2)手动启动、停止按钮安装在防护区入口且便于操作的部位，安装高度为中心点距地(楼)面1.5m (3)气体喷放指示灯宜安装在防护区入口的正上方

【重要考点】考点5 气体灭火系统调试要求

自动模拟启动试验	(1)将灭火控制器的启动输出端与灭火系统相应防护区驱动装置连接。驱动装置与阀门的动作机构脱离;也可用1个启动电压、电流与驱动装置的启动电压、电流相同的负载代替 (2)人工模拟火警使防护区内任意一个火灾探测器动作,观察单一火警信号输出后相关报警设备动作是否正常 (3)人工模拟火警使该防护区内另一个火灾探测器动作,观察复合火警信号输出后,相关动作信号及联动设备动作是否正常
模拟喷气试验	(1)IG 541混合气体灭火系统及高压二氧化碳灭火系统,采用其充装的灭火剂进行模拟喷气试验 (2)低压二氧化碳灭火系统采用二氧化碳灭火剂进行模拟喷气试验 (3)卤代烷灭火系统模拟喷气试验不宜采用卤代烷灭火剂,宜采用氮气 (4)模拟喷气试验宜采用自动启动方式
模拟切换操作试验	设有灭火剂备用量且与储存容器连接在同一集流管上的系统应进行模拟切换操作试验,并合格

【重要考点】考点6　气体灭火系统检测

高压储存装置	直观检查要求	（1）储存容器无明显碰撞变形和机械性损伤缺陷，储存容器表面应涂红色，防腐层完好、均匀，手动操作装置有铅封 （2）储存装置间的环境温度为-10~50℃；高压二氧化碳储存装置的环境温度为0~49℃
	安装检查要求	（1）同一系统的储存容器的规格、尺寸要一致，其高度差不超过20mm （2）储存容器表面应标明编号 （3）储存容器操作面距墙或操作面之间的距离应不小于1m，且不小于储存容器外径的1.5倍 （4）容器阀和集流管之间采用挠性连接
	功能检查要求	储存容器中充装的二氧化碳质量损失大于10%时，二氧化碳灭火系统的检漏装置应正确报警
预制灭火装置	直观检查要求	（1）预制灭火装置与选择阀检查要求相同 （2）一个防护区设置的预制灭火系统，其装置数量不宜超过10台

(续)

预制灭火装置	安装检查要求	(1)同一防护区设置多台装置时,其相互间的距离不得大于10m (2)防护区内设置的预制灭火系统的充压压力不得大于2.5MPa
	功能检查要求	同一防护区内的预制灭火系统装置多于1台时,必须能同时启动,其动作响应时差不得大于2s

第八节 泡沫灭火系统

【一般考点】考点1 泡沫灭火系统的灭火机理

(1)隔氧窒息作用
(2)辐射热阻隔作用
(3)吸热冷却作用

【重要考点】考点2　泡沫灭火系统选择的基本要求

(1) 甲、乙、丙类液体储罐区宜选用低倍数泡沫灭火系统

(2) 油罐中倍数泡沫灭火系统宜为固定式

(3) 储罐区泡沫灭火系统的选择，应符合下列规定：非水溶性甲、乙、丙类液体固定顶储罐，可选用液上喷射、液下喷射或半液下喷射系统；水溶性甲、乙、丙类液体的固定顶储罐，应选用液上喷射或半液下喷射系统；外浮顶和内浮顶储罐应选用液上喷射系统；非水溶性液体外浮顶储罐、内浮顶储罐、直径大于18m的固定顶储罐以及水溶性液体的立式储罐，不得选用泡沫炮作为主要灭火设施；高度大于7m、直径大于9m的固定顶储罐，不得选用泡沫枪作为主要灭火设施；油罐中倍数泡沫灭火系统，应选用液上喷射系统

【一般考点】考点3　泡沫灭火系统的设计要求

低倍数泡沫灭火系统	固定顶储罐	固定顶储罐的保护面积，应按储罐横截面面积计算
	外浮顶储罐	钢制单盘式与双盘式外浮顶储罐的保护面积，应按罐壁与泡沫堰板间的环形面积确定

(续)

高倍数、中倍数泡沫灭火系统	全淹没系统	全淹没系统的防护区应是封闭或设置灭火所需的固定围挡的区域
	局部应用系统	局部应用系统的保护范围应包括火灾蔓延的所有区域；对于多层或三维立体火灾，应提供适宜的泡沫封堵设施
	油罐中倍数泡沫灭火系统	系统扑救一次火灾的泡沫混合液设计用量，应按罐内用量、该罐辅助用泡沫枪用量、管道剩余量三者之和最大的储罐确定

【重要考点】考点4　泡沫灭火系统组件的安装要求

常压泡沫液储罐	(1) 现场制作的常压钢质泡沫液储罐需要进行严密性试验，试验压力为储罐装满水后的静压力，试验时间不能小于30min，目测不能有渗漏 (2) 现场制作的常压钢质泡沫液储罐内、外表面需要按设计要求进行防腐处理 (3) 常压泡沫液储罐安装时不能损坏其储罐上的配管和附件

(续)

泡沫比例混合器（装置）	一般要求	安装时，要使泡沫比例混合器（装置）的标注方向与液流方向一致
	压力式比例混合装置	压力式比例混合装置要整体安装
	阀门	电动、气动和液动阀门多用在大口径管道或遥控和自动控制上，阀门要有明显的启闭标志

【重要考点】考点5　泡沫灭火系统组件调试

泡沫比例混合器（装置）	调试要求	泡沫比例混合器（装置）的调试需要与系统喷泡沫试验同时进行，其混合比要符合设计要求
	检测方法	用流量计测量；蛋白、氟蛋白等折射指数高的泡沫液可用手持折射仪测量，水成膜、抗溶水成膜等折射指数低的泡沫液可用手持导电度测量仪测量

(续)

泡沫产生装置	调试要求	(1)低倍数(含高背压)泡沫产生器、中倍数泡沫产生器要进行喷水试验,其进口压力要符合设计要求 (2)泡沫喷头要进行喷水试验,其防护区内任意四个相邻喷头组成的四边形保护面积内的平均供给强度不应小于设计值 (3)固定式泡沫炮要进行喷水试验,其进口压力、射程、射高、仰俯角度、水平回转角度等指标要符合设计要求 (4)泡沫枪要进行喷水试验,其进口压力和射程要符合设计要求 (5)高倍数泡沫产生器要进行喷水试验,其进口压力的平均值不能小于设计值,每台高倍数泡沫产生器发泡网的喷水状态要正常
	检测方法	针对上述五项调试要求,分别采取下列检测方法: 第(1)项,用压力表检查 第(2)项,选择最不利防护区的最不利点四个相邻喷头,用压力表测量后进行计算 第(3)项,用手动或电动实际操作,并用压力表、尺量和观察检查 第(4)项,用压力表、尺量检查 第(5)项,关闭非试验防护区的阀门,用压力表测量后进行计算和观察检查

第九节　干粉灭火系统

【一般考点】考点1　干粉灭火系统的适用范围

适用范围	(1)灭火前可切断气源的气体火灾 (2)易燃、可燃液体和可熔化固体火灾 (3)可燃固体表面火灾 (4)带电设备火灾
不适用范围	(1)硝化纤维、炸药等无空气仍能迅速氧化的化学物质与强氧化剂 (2)钾、钠、钛、锆等活泼金属及其氢化物

【重要考点】考点2　干粉灭火系统组件应符合的规定

(1)干粉储存容器设计压力可取1.6MPa或2.5MPa压力级;其干粉灭火剂的装量系数不应大于0.85,其增压时间不应大于30s

(2)干粉储存容器应满足驱动气体系数、干粉储存量、输出容器阀出口干粉输送速率和压力的要求

(续)

> （3）驱动气体应选用惰性气体，宜选用氮气；驱动压力不得大于干粉储存容器的最高工作压力
> （4）储存装置的布置应方便检查和维护，并宜避免阳光直射，其环境温度应为 $-20 \sim 50℃$
> （5）储存装置宜设在专用的储存装置间内

【一般考点】考点3　干粉灭火系统设置要求

> 在进行驱动气体管道连接时，必须牢固，每安装一段管道就应当吹扫一次，保证管内干净。并在减压阀前，要设置过滤网
>
> 干粉灭火剂必须按照规定的品种和数量进行灌装，并且灌装时间最好是在晴天，应避免在阴雨天进行灌装操作，应一次装完，立即密封
>
> 喷头的工作压力一般在 $(0.5 \sim 7.0) \times 10^4 Pa$
>
> 全淹没系统的喷头应当均匀分布，且喷头的间距不大于2.25m，喷头与墙的距离不大于1m，每个喷头的保护容积不大于14m³

【一般考点】考点4　干粉灭火系统组件的安装要求

干粉储存容器	安装地点避免潮湿或高温环境，不受阳光直接照射 在安装时，要注意安全防护装置的泄压方向不能朝向操作面；压力显示装置方便人员观察和操作；阀门便于手动操作
驱动气体储瓶	安装时，注意安全防护装置的泄压方向不能朝向操作面；启动气体储瓶和驱动气体储瓶上压力计、检漏装置的安装位置便于人员观察和操作；驱动介质流动方向与减压阀、止回阀标记的方向一致
干粉输送管道	安装时，管道末端采用防晃支架固定，支架与末端喷头间的距离不大于500mm
喷头	安装时应设有防护装置，以防灰尘或异物堵塞喷头
阀驱动装置	对于重力式机械阀驱动装置，需保证重物在下落行程中无阻挡，其下落行程需保证驱动所需距离，且不小于25mm

【重要考点】考点5 干粉灭火系统调试

模拟自动启动试验	(1)将灭火控制器的启动信号输出端与相应的启动驱动装置连接,启动驱动装置与启动阀门的动作机构脱离。对于燃气型预制灭火装置,可以用一个启动电压、电流与燃气发火装置相同的负载代替启动驱动装置 (2)人工模拟火警使防护区内任意一个火灾探测器动作 (3)观察探测器报警信号输出后,防护区的声光报警信号及联动设备动作是否正常 (4)人工模拟火警使防护内两个独立的火灾探测器动作。观察灭火控制器火警信号输出后,防护区的声光报警信号及联动设备动作是否正常
模拟喷放试验	模拟喷放试验采用干粉灭火剂和自动启动方式,干粉用量不少于设计用量的30%;当现场条件不允许喷放干粉灭火剂时,可采用惰性气体;采用的试验气瓶需与干粉灭火系统驱动气体储瓶的型号规格、阀门结构、充装压力、连接与控制方式一致。试验时应保证出口压力不低于设计压力 容器内达到设计喷放压力并满足设定延时后,开启释放装置

第十节 火灾自动报警系统

【一般考点】考点1 火灾自动报警系统的分类及适用范围

区域报警系统	适用于仅需要报警,不需要联动自动消防设备的保护对象
集中报警系统	适用于具有联动要求的保护对象
控制中心报警系统	一般适用于建筑群或体量很大的保护对象

【重要考点】考点2 火灾自动报警系统设备的设计及设置

火灾报警控制器的设计容量	任意一台火灾报警控制器所连接的火灾探测器、手动火灾报警按钮和模块等设备总数和地址总数,均不应超过3200点,其中每一总线回路连接设备的总数不宜超过200点,且应留有不少于额定容量10%的余量
消防联动控制器的设计容量	任意一台消防联动控制器地址总数或火灾报警控制器(联动型)所控制的各类模块总数不应超过1600点,每一联动总线回路连接设备的总数不宜超过100点,且应留有不少于额定容量10%的余量
总线短路隔离器的设计参数	系统总线上应设置总线短路隔离器,每只总线短路隔离器保护的火灾探测器、手动火灾报警按钮和模块等消防设备的总数不应超过32点;总线穿越防火分区时,应在穿越处设置总线短路隔离器

(续)

点型感烟、感温火灾探测器的安装间距要求	(1) 在宽度小于3m的内走道顶棚上设置点型探测器时,宜居中布置。感温火灾探测器的安装间距不应超过10m;感烟火灾探测器的安装间距不应超过15m;探测器至端墙的距离,不应大于探测器安装间距的1/2 (2) 点型探测器至墙壁、梁边的水平距离,不应小于0.5m (3) 点型探测器周围0.5m内,不应有遮挡物 (4) 点型探测器至空调送风口边的水平距离不应小于1.5m,并宜接近回风口安装。探测器至多孔送风顶棚孔口的水平距离不应小于0.5m

【重要考点】考点3 可燃气体探测报警系统的组成及设计要求

可燃气体探测器	探测气体密度小于空气密度的可燃气体探测器应设置在被保护空间的顶部,探测气体密度大于空气密度的可燃气体探测器应设置在被保护空间的下部,探测气体密度与空气密度相当时,可燃气体探测器可设置在被保护空间的中间部位或顶部
可燃气体报警控制器	当有消防控制室时,可燃气体报警控制器可设置在保护区域附近;当无消防控制室时,可燃气体报警控制器应设置在有人员值班的场所

【重要考点】考点4　电气火灾监控系统设计

剩余电流式电气火灾监控探测器的设置	剩余电流式电气火灾监控探测器应以设置在低压配电系统首端为基本原则，宜设置在第一级配电柜(箱)的出线端 剩余电流式电气火灾监控探测器不宜设置在IT系统的配电线路和消防配电线路中
测温式电气火灾监控探测器的设置	测温式电气火灾监控探测器应设置在电缆接头、端子、重点发热部件等部位。保护对象为1000V及以下的配电线路，测温式电气火灾监控探测器应采用接触式设置
独立式电气火灾监控探测器的设置	设有火灾自动报警系统时，独立式电气火灾监控探测器的报警信息和故障信息应在消防控制室图形显示装置或集中火灾报警控制器上显示
电气火灾监控器的设置	电气火灾监控器设置在保护区域附近时，应将报警信息和故障信息传入消防控制室

【重要考点】考点 5　消防控制室的设计

建筑防火设计	(1) 单独建造的消防控制室,其耐火等级不应低于二级 (2) 附设在建筑内的消防控制室,宜设置在建筑内首层的靠外墙部位,也可设置在建筑物的地下一层,但应采用耐火极限不低于2.00h的隔墙和不低于1.50h的楼板,与其他部位隔开,并应设置直通室外的安全出口 (3) 消防控制室送、回风管的穿墙处应设防火阀 (4) 消防控制室内严禁有与消防设施无关的电气线路及管路穿过 (5) 消防控制室不应设置在电磁场干扰较强及其他可能影响消防控制设备工作的设备用房附近
值班应急程序	接到火灾警报后,值班人员应立即以最快方式确认;在火灾确认后,立即将火灾报警联动控制开关转入自动状态(处于自动状态的除外),同时拨打"119"报警;还应立即启动单位内部应急疏散和灭火预案,同时报告单位负责人
设备布置	消防控制室内设备面盘前的操作距离,单列布置时不应小于1.5m;双列布置时不应小于2m;在值班人员经常工作的一面,设备面盘至墙的距离不应小于3m;设备面盘后的维修距离不宜小于1m;设备面盘的排列长度大于4m时,其两端应设置宽度不小于1m的通道

【一般考点】考点6　火灾自动报警系统布线要求

(1) 火灾自动报警系统应单独布线,系统内不同电压等级、不同电流类别的线路,不应布在同一管内或线槽的同一槽孔内
(2) 导线在管内或线槽内不应有接头或扭结
(3) 系统导线敷设结束后,每个回路导线对地的绝缘电阻用500V兆欧表测量,且绝缘电阻值应大于或等于20MΩ
(4) 同一工程中的导线,应根据不同用途选择不同颜色加以区分,相同用途的导线颜色应一致。电源线正极应为红色,负极应为蓝色或黑色

【重要考点】考点7　火灾自动报警系统主要组件的安装

控制器、显示器类设备	(1) 控制器、显示器类设备落地安装时,其底边宜高出地(楼)面0.1~0.2m (2) 控制器、显示器的主电源应直接与消防电源连接,严禁使用电源插头
点型感烟、感温火灾探测器	(1) 探测器至墙壁、梁边的水平距离,不应小于0.5m (2) 在宽度小于3m的内走道顶棚上安装探测器时,宜居中安装 (3) 探测器宜水平安装,当确实需倾斜安装时,倾斜角不应大于45°
消防设备应急电源	(1) 消防设备应急电源的电池应安装在通风良好的地方,当安装在密封环境中时应有通风措施 (2) 消防设备应急电源不应安装在有火灾爆炸的场所

【一般考点】考点8　火灾自动报警系统检测验收合格的判定标准

满足以下全部要求时,结果为合格	
A类项目	全部合格
B类项目	不合格数量≤2
B类不合格+C类不合格≤检查数量×5%	

第十一节　防烟排烟系统

【重要考点】考点1　自然通风与自然排烟方式的选择

自然通风方式的选择	对于建筑高度小于或等于50m的公共建筑、工业建筑和建筑高度小于或等于100m的住宅建筑,其防烟楼梯的楼梯间、独立前室、合用前室及消防电梯前室采用自然通风方式的防烟系统
自然排烟方式的选择	高层建筑主要受自然条件(如室外风速、风压、风向等)的影响较大,一般采用机械排烟方式较多,多层建筑受外部条件影响较小,一般采用自然排烟方式较多

【一般考点】考点 2　排烟窗有效面积的计算

$$A_v C_v = \frac{M_\rho}{\rho_0} \left[\frac{T^2 + \left(\dfrac{A_v C_v}{A_0 C_0}\right)^2 T T_0}{2 g d_b \Delta T T_0} \right]^{1/2}$$

式中　A_v——排烟口截面积(m^2)

　　　A_0——所有进气口总面积(m^2)

　　　C_v——排烟口流量系数(通常选定在 0.5~0.7)

　　　C_0——进气口流量系数(通常约为 0.6)

　　　g——重力加速度(m/s^2)

注：公式中 $A_v C_v$ 在计算时应采用试算法

【重要考点】考点 3　机械加压送风系统的选择

(1) 建筑高度大于 50m 的公共建筑、工业建筑和建筑高度大于 100m 的住宅建筑，其防烟楼梯间、消防电梯前室应采用机械加压送风方式的防烟系统

(2) 当防烟楼梯间采用机械加压送风方式的防烟系统时，楼梯间应设置机械加压送风设施，独立前室可不设机械加压送风设施，但合用前室应设机械加压送风设施。防烟楼梯间与合用前室的机械加压送风系统应分别独立设置

(续)

> (3)地下室、半地下室楼梯间与地上部分楼梯间均需设置机械加压送风系统时,宜分别独立设置
>
> (4)避难层应设置直接对外的可开启外窗或独立的机械防烟设施,外窗应采用乙级防火窗或耐火极限不低于1.00h的C类防火窗
>
> (5)建筑高度大于32m的高层汽车库、室内地面与室外出入口地坪的高差大于10m的地下汽车库,应采用防烟楼梯间

【重要考点】考点4 机械加压送风系统的组件与设置要求

机械加压送风机	(1)送风机的进风口宜直通室外,且应采取防止烟气侵袭的措施 (2)送风机的进风口宜设在机械加压送风系统的下部 (3)送风机的进风口不应与排烟风机的出风口设在同一层面 (4)送风机应设置在专用机房内
加压送风口	前室应每层设一个常闭式加压送风口,并应设手动开启装置

(续)

送风管道	《建筑防烟排烟系统技术标准》(GB 51251—2017)第3.3.8条规定,机械加压送风管道的设置和耐火极限应符合下列规定: (1)竖向设置的送风管道应独立设置在管道井内,当确有困难时,未设置在管道井内或与其他管道合用管道井的送风管道,其耐火极限不应低于1.00h (2)水平设置的送风管道,当设置在吊顶内时,其耐火极限不应低于0.50h;当未设置在吊顶内时,其耐火极限不应低于1.00h
余压阀	余压阀两侧正压间的压力差不宜超过50Pa

【重要考点】考点5 机械排烟系统的组件与设置要求

排烟风机	(1)排烟风机应设置在专用机房内,该房间应采用耐火极限不低于2.00h的隔墙和1.50h的楼板及甲级防火门与其他部位隔开 (2)排烟风机与排烟管道的连接部件应能在280°C时连续30min及以上,保证其结构完整性
排烟阀(口)	(1)发生火灾时,由火灾自动报警系统联动开启排烟区域的排烟阀(口),应在现场设置手动开启装置 (2)每个排烟口的排烟量不应大于最大允许排烟量

(续)

排烟管道	(1) 当吊顶内有可燃物时，吊顶内的排烟管道应采用不燃烧材料进行隔热，并应与可燃物保持不小于 150mm 的距离 (2) 当排烟管道竖向穿越防火分区时，垂直风道应设在管井内，且排烟井道必须要有 1.00h 的耐火极限
挡烟垂壁	有效高度不小于 500mm

【一般考点】考点6　防烟排烟系统周期性检查

《建筑防烟排烟系统技术标准》(GB 51251—2017)规定：

9.0.3　每季度应对防烟、排烟风机、活动挡烟垂壁、自动排烟窗进行一次功能检测启动试验及供电线路检查，检查方法应符合本标准第 7.2.3 条~第 7.2.5 条的规定

9.0.4　每半年应对全部排烟防火阀、送风机或送风口、排烟阀或排烟口进行自动和手动启动试验一次，检查方法应符合本标准第 7.2.1 条、第 7.2.2 条的规定

9.0.5　每年应对全部防烟、排烟系统进行一次联动试验和性能检测，其联动功能和性能参数应符合原设计要求，检查方法应符合本标准第 7.3 节和第 8.2.5 条~第 8.2.7 条的规定

9.0.6　排烟窗的温控释放装置、排烟防火阀的易熔片应有 10% 的备用件，且不少于 10 只

9.0.7　当防烟排烟系统采用无机玻璃钢风管时，应每年对该风管质量进行检查，检查面积应不少于风管面积的 30%；风管表面应光洁、无明显泛霜、结露和分层现象

第十二节　建筑灭火器

【重要考点】考点1　灭火剂的代号

> 我国灭火器的型号由类、组、特征代号及主要参数几部分组成。类、组、特征代号用大写汉语拼音字母表示，一般编在型号首位，是灭火器本身的代号，通常用"M"表示。灭火剂代号编在型号第二位：F—干粉灭火剂、T—二氧化碳灭火剂、Y—1211灭火剂、Q—清水灭火剂。形式号编在型号中的第三位，是各类灭火器结构特征的代号。目前我国灭火器的结构特征有手提式（包括手轮式）、推车式、鸭嘴式、舟车式、背负式五种，分别用S、T、Y、Z、B表示

【重要考点】考点2　灭火器的分类及适用范围

水基型灭火器	清水灭火器	主要用于扑救固体物质火灾，不适用于扑救油类、电气、轻金属以及可燃气体火灾
	水基型泡沫灭火器	能扑灭可燃固体和液体的初起火灾，多用于扑救石油及石油产品等非水溶性物质的火灾（抗溶性泡沫灭火器可用于扑救水溶性易燃、可燃液体火灾）

(续)

水基型灭火器	水基型水雾灭火器	主要适合配置在具有可燃固体物质的场所
干粉灭火器		主要用于扑救石油、有机溶剂等易燃液体、可燃气体和电气设备的初起火灾
二氧化碳灭火器		用来扑灭图书、档案、贵重设备、精密仪器、600V以下电气设备及油类的初起火灾
洁净气体灭火器		适用于扑救可燃液体、可燃气体和可熔化的固体物质以及带电设备的初起火灾,可在图书馆、宾馆、档案室、商场以及各种公共场所使用

【重要考点】考点3 灭火器的适用范围

A类火灾(固体物质火灾)	可使用水基型(水雾、泡沫)灭火器、ABC干粉灭火器进行扑救
B类火灾 (液体或可熔化的固体物质火灾)	可使用水基型(水雾、泡沫)灭火器、BC类或ABC类干粉灭火器、洁净气体灭火器进行扑救

(续)

C类火灾(气体火灾)	可使用干粉灭火器、水基型(水雾)灭火器、洁净气体灭火器、二氧化碳灭火器进行扑救
D类火灾(金属火灾)	可用7150灭火剂进行灭火,如可用干沙、土或铸铁屑粉末灭火
E类火灾(带电火灾)	可以使用二氧化碳灭火器或洁净气体灭火器进行扑救,如果没有前述灭火器,也可使用干粉、水基型(水雾)灭火器扑救
F类火灾 (烹饪器具内的烹饪物火灾)	可选用BC类干粉灭火器、水基型(水雾、泡沫)灭火器进行扑救

【重要考点】考点4 **工业建筑灭火器配置场所与危险等级的对应关系**

危险等级 配置场所	严重危险级	中危险级	轻危险级
厂房	甲、乙类物品生产场所	丙类物品生产场所	丁、戊类物品生产场所
库房	甲、乙类物品储存场所	丙类物品储存场所	丁、戊类物品储存场所

【重要考点】考点 5　计算单元的最小需配灭火器灭火级别的计算

> 在确定了计算单元的保护面积后,应根据下式计算该单元应配置的灭火器的最小灭火级别:
>
> $$Q = K \frac{S}{U}$$
>
> 式中　Q——计算单元的最小需配灭火级别(A 或 B)
> 　　　S——计算单元的保护面积(m^2)
> 　　　U——A 类或 B 类火灾场所单位灭火级别最大保护面积(m^2/A 或 m^2/B)
> 　　　K——修正系数
> 　　歌舞娱乐放映游艺场所、网吧、商场、寺庙以及地下场所等的计算单元的最小需配灭火级别应在上式计算结果的基础上增加 30%

【重要考点】考点 6　A 类火灾场所灭火器的最低配置基准

危险等级	严重危险级	中危险级	轻危险级
单具灭火器最小配置灭火级别	3A	2A	1A
单位灭火级别最大保护面积/(m^2/A)	50	75	100

【重要考点】考点7　灭火器的安装设置要求

手提式灭火器	（1）灭火器箱箱门开启方便灵活，开启后不得阻挡人员安全疏散。开门型灭火器箱的箱门开启角度不得小于175°；翻盖型灭火器箱的箱盖开启角度不得小于100° （2）嵌墙式灭火器箱的安装高度，按照手提式灭火器顶部与地面距离不大于1.50m，底部与地面距离不小于0.08m的要求确定 （3）挂钩、托架的安装高度满足手提式灭火器顶部与地面距离不大于1.50m，底部与地面距离不小于0.08m的要求
推车式灭火器	设置在平坦的场地上，不得设置在台阶、坡道等地方

【重要考点】考点8　灭火器的报修条件及维修年限

报修条件	日常检查中，发现存在机械损伤、明显锈蚀、灭火剂泄漏、被开启使用过、压力指示器指向红区，达到灭火器维修年限，或者符合其他报修条件的灭火器，建筑使用管理单位及时按照规定程序送修
维修年限	使用达到下列规定年限的灭火器，建筑使用管理单位需要分批次向灭火器维修企业送修： （1）手提式、推车式水基型灭火器出厂期满3年，首次维修以后每满1年 （2）手提式、推车式干粉灭火器、洁净气体灭火器、二氧化碳灭火器出厂期满5年，首次维修以后每满2年

第十三节　消防应急照明和疏散指示系统

【一般考点】考点1　消防应急照明和疏散指示系统的分类

> 消防应急照明和疏散指示系统按灯具控制方式的不同,分为集中控制型系统(根据蓄电池电源供电方式的不同,集中控制型系统分为灯具采用集中电源供电方式、灯具采用自带蓄电池供电方式的集中控制型系统)和非集中控制型系统(根据蓄电池电源供电方式的不同,非集中控制型系统分为灯具采用集中电源供电方式、灯具采用自带蓄电池供电方式的非集中控制型系统)两类

【一般考点】考点2　消防应急照明和疏散指示系统设计要求

系统类型的选择	《消防应急照明和疏散指示系统技术标准》(GB 51309—2018)规定: 3.1.2　系统类型的选择应根据建、构筑物的规模、使用性质及日常管理及维护难易程度等因素确定,并应符合下列规定:

(续)

系统类型的选择	(1)设置消防控制室的场所应选择集中控制型系统 (2)设置火灾自动报警系统，但未设置消防控制室的场所宜选择集中控制型系统 (3)其他场所可选择非集中控制型系统
灯具的设计	《消防应急照明和疏散指示系统技术标准》(GB 51309—2018)规定： 3.2.1　灯具的选择应符合下列规定： (1)灯具及其连接附件的防护等级应符合下列规定：在室外或地面上设置时，防护等级不应低于IP67；在隧道场所、潮湿场所内设置时，防护等级不应低于IP65；B型灯具的防护等级不应低于IP34 (2)标志灯应选择持续型灯具
系统配电的设计	《消防应急照明和疏散指示系统技术标准》(GB 51309—2018)规定： 3.3.1　系统配电应根据系统的类型、灯具的设置部位、灯具的供电方式进行设计。灯具的电源应由主电源和蓄电池电源组成，且蓄电池电源的供电方式分为集中电源供电方式和灯具自带蓄电池供电方式。灯具的供电与电源转换应符合下列规定：

(续)

系统配电的设计	（1）当灯具采用集中电源供电时，灯具的主电源和蓄电池电源应由集中电源提供，灯具主电源和蓄电池电源在集中电源内部实现输出转换后应由同一配电回路为灯具供电 （2）当灯具采用自带蓄电池供电时，灯具的主电源应通过应急照明配电箱一级分配电后为灯具供电，应急照明配电箱的主电源输出断开后，灯具应自动转入自带蓄电池供电 3.3.2 应急照明配电箱或集中电源的输入及输出回路中不应装设剩余电流动作保护器，输出回路严禁接入系统以外的开关装置、插座及其他负载

【重要考点】考点3 消防应急照明和疏散指示系统主要组件的安装要求

标志灯的安装	《消防应急照明和疏散指示系统技术标准》(GB 51309—2018)规定： 4.5.9 标志灯的标志面宜与疏散方向垂直 4.5.10 出口标志灯的安装应符合下列规定： （1）应安装在安全出口或疏散门内侧上方居中的位置；受安装条件限

(续)

标志灯的安装	制标志灯无法安装在门框上侧时，可安装在门的两侧，但门完全开启时标志灯不能被遮挡 （2）室内高度不大于3.5m的场所，标志灯底边离门框距离不应大于200mm；室内高度大于3.5m的场所，特大型、大型、中型标志灯底边距地面高度不宜小于3m，且不宜大于6m （3）采用吸顶或吊装式安装时，标志灯距安全出口或疏散门所在墙面的距离不宜大于50mm
照明灯的安装	《消防应急照明和疏散指示系统技术标准》（GB 51309—2018）规定： 4.5.6 照明灯宜安装在顶棚上 4.5.7 当条件限制时，照明灯可安装在走道侧面墙上，并应符合下列规定： （1）安装高度不应距地面1~2m （2）在距地面1m以下侧面墙上安装时，应保证光线照射在灯具的水平线以下 4.5.8 照明灯不应安装在地面上

(续)

应急照明控制器、集中电源、应急照明配电箱的安装	《消防应急照明和疏散指示系统技术标准》(GB 51309—2018)规定： 4.4.1　应急照明控制器、集中电源、应急照明配电箱的安装应符合下列规定： (1)在轻质墙上采用壁挂方式安装时，应采取加固措施 (2)落地安装时，其底边宜高出地(楼)面100~200mm (3)设备在电气竖井内安装时，应采用下出口进线方式 4.4.5　应急照明控制器、集中电源和应急照明配电箱的接线应符合下列规定： (1)线缆芯线的端部，均应标明编号，并与图样一致，字迹应清晰且不易褪色 (2)端子板的每个接线端，接线不得超过2根 (3)线缆应留有不小于200mm的余量

第十四节　消防用电和供配电系统

【重要考点】考点1　消防用电的负荷等级

一级负荷	下列场所的消防用电应按一级负荷供电：建筑高度大于50m的乙类、丙类生产厂房和丙类物品库房，一类高层民用建筑，一类大型石油化工厂，大型钢铁联合企业，大型物资仓库等
二级负荷	下列建筑物、储罐（区）和堆场的消防用电应按二级负荷供电：室外消防用水量大于30L/s的厂房(仓库)；室外消防用水量大于35L/s的可燃材料堆场；粮食仓库及粮食筒仓；二类高层民用建筑；座位数超过1500个的电影院、剧场，座位数超过3000个的体育馆；任一层建筑面积大于3000m²的商店和展览建筑等
三级消防负荷	三级消防用电设备采用专用的单回路电源供电，并在其配电设备设有明显标志。其配电线路和控制回路应按照防火分区进行划分

【一般考点】考点2　消防用电设备供电线路的敷设

矿物绝缘电缆	明敷设或在吊顶内敷设
难燃性电缆或有机绝缘耐火电缆	在电气竖井内或电缆沟内敷设可不穿导管保护，但应采取与非消防用电缆隔离的措施
明敷设、吊顶内敷设或架空地板内敷设	要穿金属导管或封闭式金属线槽保护，所穿金属导管或封闭式金属线槽要采用涂防火涂料等防火保护措施
线路暗敷设	对所穿金属导管或难燃性刚性塑料导管进行保护，并要敷设在不燃烧结构内，保护层厚度不要小于30mm

【一般考点】考点3　消防用电设备供电线路的防火封堵措施

消防用电设备供电线路在电缆隧道、电缆桥架、电缆竖井、封闭式母线、线槽安装等处时，在下列情况下应采取防火封堵措施：
(1) 穿越不同的防火分区

(续)

> (2) 沿竖井垂直敷设穿越楼板处
> (3) 管线进出竖井处
> (4) 电缆隧道、电缆沟、电缆间的隔墙处
> (5) 穿越建筑物的外墙处
> (6) 至建筑物的入口处,至配电间、控制室的沟道入口处
> (7) 电缆引至配电箱、柜或控制屏、台的开孔部位

【一般考点】考点4　消防用电设备的配电方式

消防负荷的电源设计	消防电源要在变压器的低压出线端设置单独的主断路器,不能与非消防负荷共用同一路进线断路器和同一低压母线段 消防电源应独立设置
消防备用电源的设计	当消防电源由自备应急发电机组提供备用电源时,消防用电负荷为一级或二级的要设置自动和手动启动装置,并在30s内供电;当采用中压柴油发电机组时,在火灾确认后要在60s内供电

(续)

配电设计	消防控制室的两路低压电源应能在消防控制室内自动切换 消防设备的配电装置与非消防设备的配电装置宜分列安装;若必须并列安装,分界处应设防火隔断

【重要考点】考点5 电气线路防火措施的检查

预防电气线路短路的措施	必须严格执行电气装置安装规程和技术管理规程,坚决禁止非电工人员安装、修理;要根据导线使用的具体环境选用不同类型的导线,正确选择配电方式;安装线路时,电线之间、电线与建筑构件或树木之间要保持一定距离;在距地面2m高以内的电线,应用钢管或硬质塑料加以保护,以防绝缘遭受损坏;在线路上应按规定安装断路器或熔断器,以便在线路发生短路时能及时、可靠地切断电源
预防电气线路过载的措施	根据负载情况,选择合适的电线;严禁滥用铜丝、钢丝代替熔断器的熔丝;不准乱拉电线和接入过多或功率过大的电气设备;严禁随意增加用电设备,尤其是大功率用电设备;应根据线路负载的变化及时更换适宜容量的导线;可根据生产程序和需要,采

(续)

预防电气线路过载的措施	取排列先后控制使用的方法,把用电时间调开,以使线路不超过负载
预防电气线路接触电阻过大的措施	导线与导线、导线与电气设备的连接必须牢固可靠;铜线、铝线相接,宜采用铜铝过渡接头,也可采用在铜线接头处搪锡;通过较大电流的接头,应采用油质或氧焊接头,在连接时加弹力片后拧紧;要定期检查和检测接头,防止接触电阻增大,对重要的连接接头要加强监测

第十五节　城市消防远程监控系统

【一般考点】考点1　城市消防远程监控系统的组成与分类

组成	由用户信息传输装置、报警传输网络、监控中心以及火警信息终端等几部分组成

(续)

分类	按信息传输方式	可分为有线城市消防远程监控系统、无线城市消防远程监控系统、有线/无线兼容城市消防远程监控系统
	按报警传输网络形式	可分为基于公用通信网的城市消防远程监控系统、基于专用通信网的城市消防远程监控系统、基于公用/专用兼容通信网的城市消防远程监控系统

【一般考点】考点2 城市消防远程监控系统的设计

系统设置与设备配置	城市消防远程监控系统的设置,地级及以上城市应设置一个或多个远程监控系统,并且单个远程监控系统的联网用户数量不宜大于5000个 用户信息传输装置一般设置在联网用户的消防控制室内
系统的电源要求	监控中心的电源应按所在建筑物的最高负荷等级配置,且不低于二级负荷,并应保证不间断供电 用户信息传输装置的主电源应直接与消防电源连接,不应使用电源插头 用户信息传输装置应有主电源与备用电源之间的自动切换装置

【一般考点】考点3　城市消防远程监控系统布线检查

用户信息传输装置相连接的不同电压等级、不同电流类别的线路,不应布在同一管内或线槽的同一槽孔内。导线在管内或线槽内,不应有接头或扭结。导线的接头应在接线盒内焊接或用端子连接

金属管子入盒,盒外侧应套锁母,内侧应装护口;在吊顶内敷设时,盒的内外侧均应套锁母

同一工程中的导线,要根据不同用途选择不同颜色加以区分,相同用途的导线颜色最好保持一致。电源线正极建议采用红色导线,负极采用蓝色或黑色导线

【一般考点】考点4　城市消防远程监控系统安装与调试

安装	用户信息传输装置在墙上安装时,其底边距地(楼)面高度宜为1.3~1.5m,其靠近门轴的侧面距墙不应小于0.5m,正面操作距离不应小于1.2m;落地安装时,其底边宜高出地(楼)面0.1~0.2m
调试	城市消防远程监控系统正式投入使用前,应对系统及系统组件进行调试。系统在各项功能调试后进行试运行,试运行时间不少于1个月

【一般考点】考点5　城市消防远程监控系统主要性能指标测试

(1) 连接3个联网用户,测试监控中心同时接收火灾报警信息的情况

(2) 从用户信息传输装置获取火灾报警信息到监控中心接收显示的响应时间不大于20s

(3) 监控中心向城市消防通信指挥中心或其他接处警中心转发经确认的火灾报警信息的时间不大于3s

(4) 监控中心与用户信息传输装置之间能够动态设置巡检方式和时间,要求通信巡检周期不大于2h

(5) 测试系统各设备的统一时钟管理情况,要求时钟累计误差不超过5s

第三篇 其他建筑、场所防火

第一节 石油化工防火

【一般考点】考点1 石化企业的分类

分类依据	内容	
生产规模	大型	原油加工能力≥10000kt/a 或者占地面积≥2000000m²
	中型	5000kt/a≤原油加工能力<10000kt/a 或者 1000000m²≤占地面积<2000000m²
火灾危险性	《石油化工企业设计防火标准》(GB 50160—2008)(2018年版)规定:	
	类别	可燃气体与空气混合物的爆炸下限
	甲	<10%(体积)
	乙	≥10%(体积)

(续)

	液化烃、可燃液体的火灾危险性分类			
	名称	类别		特征
火灾危险性	液化烃	甲	A	15℃时的蒸气压力>0.1MPa的烃类以及其他类似的液体
			B	甲A类以外,闪点<28℃
	可燃液体	乙	A	28℃≤闪点≤45℃
			B	45℃<闪点<60℃
		丙	A	60℃≤闪点≤120℃
			B	闪点>120℃
	房间的火灾危险性类别应按房间内设备的火灾危险性类别确定。当同一房间内布置有不同火灾危险性类别设备时,房间的火灾危险性类别应按其中火灾危险性类别最高的设备确定。但当火灾危险类别最高的设备所占面积比例小于5%,且发生事故时,不足以蔓延到其他部位或采取防火措施能防止火灾蔓延时,可按火灾危险性类别较低的设备确定			

【一般考点】考点2　石油化工生产的选址

> (1)在丘陵地区，生产区应当避免布置在窝风地带；沿江河岸布置时，适宜位于临近江河的城镇、船厂等重要构筑物的下游
> (2)工厂选址应当远离人口密集以及重要交通枢纽等区域；并且适宜位于邻近居民区全年最小频率风向的上风侧
> (3)不能穿过厂区的是地区输气管道；严禁穿过工厂的生产区的有公路和地区架空电力线路

【一般考点】考点3　石油化工生产的总平面布置要求

情况	布置的要求
全厂性的高架火炬	适宜在生产区全年最小频率风向的上风侧
全厂性污水处理场等设施	适宜在人员集中以及散发火花地点的全年最小频率风向的上风侧
空分站	应当在空气清洁地段，并且适宜在散发可燃气体等场所的全年最小频率风向的下风侧

(续)

情况	布置的要求
中央控制室等重要设施	应当在相对高处
两座及以上的高架火炬	适宜在同一个区域
采用架空电力线路进出厂区的总变电所	应当在厂区边缘
液化烃罐组	不应当毗邻在人员集中场所的阶梯上,不适宜紧靠排洪沟布置

【一般考点】考点4 石油化工生产的道路布置要求

厂内主干道的主要出入口应当≥2个,并且适宜在不同方位	
应设环形消防车道	液化烃罐组、联合装置、总容积≥120000m^3的可燃液体罐组、总容积≥120000m^3的2个及以上的可燃液体罐组

（续）

应设环形消防车道，如果地形条件受限，可设置回车场的尽头式消防车道	气体的储罐区、可燃液体、装卸区以及化学危险品仓库区

装置区及储罐区的消防道路，2个路口之间的长度>300m时，这个消防道路中断应当设置提供火灾施救用时的回车场地。回车场地（包含道路）适宜≥18m×18m

可燃液体、液化烃、可燃液体的罐区内，任何储罐的中心距≥2条消防车道的距离均应当≤120m；不符合条件时任何储罐中心与最近的消防车道之间的距离应当≤80m，并且最近消防车道的路面宽度应当≥9m

【一般考点】考点5 消防设计的主要内容

消防水源	（1）每套消防供水系统的保护面积适宜≤2000000m²，最大保护半径适宜≤1200m （2）消防给水管应当环状布置，环状管道的进水管应当≥2条 （3）当消防用水由工厂水源直接提供时，工厂给水管网的进水管应当≥2条

(续)

消防水源	(4) 环状管道应用阀门划分成若干独立管段,每一段消火栓的个数适宜≤5个
消防给水系统	大型石化企业的工艺装置区等的压力适宜为 0.7~1.2MPa 其他场所采用低压消防给水系统时的压力应当确保灭火时,自地面开始算最不利点消火栓的水压≥0.15MPa
消火栓	(1) 罐区及工艺装置区的消火栓的间距适宜≤60m (2) 大型石化企业的主要装置区以及罐区,适宜增加设置大流量消火栓 (3) 距离被保护对象 15m 之内的消火栓不应当计算在这个保护对象可以使用的数量之内
消防供电	大、中型石化企业消防水泵房用电负荷应当设为一级
消防站	(1) 车库的耐火等级应当≥二级 (2) 车库前场地应当采用沥青地面,并且应当有≥2%的坡度坡向道路 (3) 大、中型石化企业应当设置消防站 (4) 车库大门应当面向道路,距离道路边应当≥15m

【一般考点】考点6　石油化工生产中的工艺操作防火

> （1）要保证原材料和成品的质量
> （2）要严格掌握原料的配合比
> （3）防止加料过快、过多
> （4）注意物料的投料顺序
> （5）防止跑、冒、滴、漏
> （6）严格控制温度
> （7）严格控制压力
> （8）防止搅拌中断
> （9）严守操作规程
> （10）做好抽样探伤

【一般考点】考点7　火炬系统的安全设置

防火间距	距火炬筒30m范围内严禁可燃气体放空
火炬高度	火炬的高度依据顶端火焰的辐射热对地面上人员的热影响，或大风时火焰长度及倾斜度对邻近构筑物及生产装置的热影响确定，应使火焰的辐射热不致影响人身及设备的安全

(续)

排放能力	必须保证火炬燃烧嘴具有能处理其中最大的气体排放量的能力
设置自动控制系统	在中央控制室内应安装具有气体排放、输送和燃烧等的参数控制仪表和信号显示装置
设置安全装置	为了防止排出的气体带液体,可燃气体放空管道在接入火炬前,应设置分液器。为了防止火焰和空气倒入火炬筒,在火炬筒上部应安装防回火装置

【一般考点】考点8 放空管的安全设置

安装位置	设在设备或容器的顶部,室内设备安设的放空管应引出室外
安装要求	管口要高于附近有人操作的最高设备2m以上 连续排放的放空管口,应高出半径20m范围内的平台或建筑物顶3.5m以上;间歇排放的放空管口,应高出10m范围内的平台或建筑物顶3.5m以上;平台或建筑物应与放空管垂直面呈45°
设置安全装置	放空管上应安装阻火器或其他限制火焰的设备,以防止气体在管道出口处着火,并使火焰扩散到工艺装置中去

【一般考点】考点9　安全阀的设置

根据国家现行相关法规规定,在非正常条件下,可能超压的下列设备应设安全阀:
(1)顶部最高操作压力大于或等于0.1MPa的压力容器
(2)顶部最高操作压力大于0.03MPa的蒸馏塔、蒸发塔和汽提塔(汽提塔蒸汽通入另一蒸馏塔者除外)
(3)往复式压缩机各段出口或电动往复泵、齿轮泵、螺杆泵等容积式泵的出口(设备本身已有安全阀者除外)
(4)凡与鼓风机、离心式压缩机、离心泵或蒸汽往复泵出口连接的设备不能承受其最高压力时,鼓风机、离心式压缩机、离心泵或蒸汽往复泵的出口
(5)可燃气体或液体受热膨胀,可能超过设计压力的设备
(6)顶部最高操作压力为0.03~0.1MPa的设备应根据工艺要求设置

【一般考点】考点10　石油化工储罐的防火设计要求

储罐	(1)可燃液体的地上储罐应当采用钢罐 (2)当液化烃和可燃液体储罐的保冷层采用阻燃型泡沫塑料制品时,保冷层的氧指数应当≥30

储罐	(3)应当采用不燃材料的有:可燃液体的储罐基础、隔堤(可燃、助燃)、气体以及液化烃和可燃液体储罐基础(包含保温层)等

【一般考点】考点 11　石油化工罐组的防火设计要求

罐组	在同一罐组内,适宜布置火灾危险性类别相近的储罐		
	类型	可燃液体的地上储罐组容积	
	浮顶罐组	总容积应当≤600000m³	
	采用双盘时内浮顶罐组	总容积应当≤360000m³	
	采用易溶材料制作的内浮顶和采用内浮顶的混合罐组	总容积应当≤240000m³	
	固定顶罐组	总容积应当≤120000m³	

(续)

罐组	类型	可燃液体的地上储罐组容积
	固定顶罐和内浮顶的混合罐组	总容积应当≤120000m³

	情况	可燃液体的地上储罐组内储罐的数量
罐组	含有单罐容积>50000m³	应当≤4个
	50000m³≥含有单罐容积≥10000m³	应当≤12个
	10000m³≥含有单罐容积≥1000m³	应当≤16个
	单罐容积<1000m³	不受限

(续)

	液化烃储罐组的总容积和储罐数量				
罐组	类型	罐组总容积 /m³	单罐容积 /m³	储罐数 /个	储罐布置
	全压力式	≤40000	≤4000	≤12	应当≤2排
	半冷冻式				
	全冷冻式	≤200000	≤1000	≤2	单独成组

【一般考点】考点12　建筑防火设计

甲类、乙类仓库	当储存甲类物品的仓库储量<5t时,可以与乙类、丙类物品仓库共用一座建筑物,但是应该设置独立的防火分区
丙类仓库	单层跨度应当≤150m
特殊仓库	(1)合成纤维及塑料等产品的高架仓库以及袋装硝酸铵仓库的耐火等级应当≥二级 (2)当库房采暖介质的设计温度>100℃时,应当对暖气片以及采暖管道进行隔离措施

第二节　地铁防火

【一般考点】考点1　防火分区

地下车站	《地铁设计防火标准》(GB 51298—2018)规定： 4.2.1　站台和站厅公共区可划分为同一个防火分区，站厅公共区的建筑面积不宜大于5000m^2 4.2.2　站厅设备管理区应与站厅、站台公共区划分为不同的防火分区，设备管理区每个防火分区的最大允许建筑面积不应大于1500m^2
地上车站	《地铁设计防火标准》(GB 51298—2018)规定： 4.3.1　站厅公共区每个防火分区的最大允许建筑面积不宜大于5000m^2 4.3.2　站厅设备管理区应与站台、站厅公共区划分为不同的防火分区，设备管理区每个防火分区的最大允许建筑面积不应大于2500m^2；对于建筑高度大于24m的高架车站，其设备管理区每个防火分区的最大允许建筑面积不应大于1500m^2

【一般考点】考点 2　防火分隔措施

一般规定	《地铁设计防火标准》(GB 51298—2018)规定： 4.1.3　地下车站的风道、区间风井及其风道等的围护结构的耐火极限均不应低于 3.00h，区间风井内柱、梁、楼板的耐火极限均不应低于 2.00h 4.1.4　车站(车辆基地)控制室(含防灾报警设备室)、变电所、配电室等火灾时需运作的房间，应分别独立设置，并应采用耐火极限不低于 2.00h 的防火隔墙和耐火极限不低于 1.50h 的楼板与其他部位分隔
地下车站	《地铁设计防火标准》(GB 51298—2018)规定： 4.2.7　侧式站台与同层站厅换乘车站，除可在站台连接同层站厅的通道口部位采用耐火极限不低于 3.00h 的防火卷帘等进行分隔外，其他部位应设置耐火极限不低于 3.00h 的防火墙 4.2.8　通道换乘车站的站间换乘通道两侧应设置耐火极限不低于 2.00h 的防火隔墙，通道内应采用 2 道耐火极限均不低于 3.00h 的防火卷帘等进行分隔

（续）

地上车站	《地铁设计防火标准》(GB 51298—2018)规定： 4.3.3 站厅位于站台上方且站台层不具备自然排烟条件时，除可在站台至站厅的楼梯或扶梯开口处人员上下通行的部位采用耐火极限不低于3.00h的防火卷帘等进行分隔外，其他部位应设置耐火极限不低于2.00h的防火隔墙

【一般考点】考点3 安全疏散

一般规定	《地铁设计防火标准》(GB 51298—2018)规定： 5.1.4 每个站厅公共区应至少设置2个直通室外的安全出口。安全出口应分散布置，且相邻两个安全出口之间的最小水平距离不应小于20m。换乘车站共用一个站厅公共区时，站厅公共区的安全出口应按每条线不少于2个设置 5.1.11 站厅公共区与商业等非地铁功能的场所的安全出口应各自独立设置。两者的连通口和上、下联系楼梯或扶梯不得作为相互间的安全出口

（续）

地下车站	《地铁设计防火标准》（GB 51298—2018）规定： 5.2.1 有人值守的设备管理区内每个防火分区安全出口的数量不应少于2个，并应至少有1个安全出口直通地面 5.2.5 有人值守的设备管理用房的疏散门至最近安全出口的距离，当疏散门位于2个安全出口之间时，不应大于40m；当疏散门位于袋形走道两侧或尽端时，不应大于22m 5.2.6 出入口通道的长度不宜大于100m；当大于100m时，应增设安全出口，且该通道内任一点至最近安全出口的疏散距离不应大于50m
车辆基地	《地铁设计防火标准》（GB 51298—2018）规定： 5.5.5 车辆基地和其建筑上部其他功能场所的人员安全出口应分别独立设置，且不得相互借用
应急照明	《地铁设计防火标准》（GB 51298—2018）规定： 11.2.3 应急照明灯具宜设置在墙面或顶棚处 11.2.5 地下车站及区间应急照明的持续供电时间不应小于60min，由正常照明转换为应急照明的切换时间不应大于5s

【一般考点】考点4　消防设施

灭火设施	室外消火栓系统	《地铁设计防火标准》（GB 51298—2018）规定： 7.2.1　除地上区间外，地铁车站及其附属建筑、车辆基地应设置室外消火栓系统 7.2.2　地下车站的室外消火栓设置数量应满足灭火救援要求，且不应少于2个，其室外消火栓设计流量不应小于20L/s
	室内消火栓系统	《地铁设计防火标准》（GB 51298—2018）规定： 7.3.1　车站的站厅层、站台层、设备层、地下区间及长度大于30m的人行通道等处均应设置室内消火栓 7.3.2　地下车站的室内消火栓设计流量不应小于20L/s。地下车站出入口通道、地下折返线及地下区间的室内消火栓设计流量不应小于10L/s
	自动喷水灭火系统	《地铁设计防火标准》（GB 51298—2018）规定： 7.4.1　下列场所应设置自动喷水灭火系统： （1）建筑面积大于6000m²的地下、半地下和上盖设置了其他功能建筑的停车库、列检库、停车列检库、运用库、联合检修库 （2）可燃物品的仓库和难燃物品的高架仓库或高层仓库

（续）

防烟排烟设施	《地铁设计防火标准》(GB 51298—2018)规定： 8.1.5　站厅公共区和设备管理区应采用挡烟垂壁或建筑结构划分防烟分区，防烟分区不应跨越防火分区。站厅公共区内每个防烟分区的最大允许建筑面积不应大于2000m²，设备管理区内每个防烟分区的最大允许建筑面积不应大于750m²
火灾自动报警系统	《地铁设计规范》(GB 50157—2013)规定： 19.1.2　火灾自动报警系统的保护对象分级应根据其使用性质、火灾危险性、疏散和扑救难度等确定，并应符合下列规定： (1)地下车站、区间隧道和控制中心，保护等级应为一级 (2)设有集中空调系统或每层封闭的建筑面积超过2000m²，但面积不超过3000m²的地面车站、高架车站，保护等级应为二级，面积超过3000m²的保护等级应为一级
消防配电	《地铁设计防火标准》(GB 51298—2018)规定： 11.1.1　地铁的消防用电负荷应为一级负荷。其中，火灾自动报警系统、环境与设备监控系统、变电所操作电源和地下车站及区间的应急照明用电负荷应为特别重要负荷

（续）

电线电缆的选择、敷设	《地铁设计防火标准》(GB 51298—2018)规定： 11.3.1 消防用电设备的电线电缆选择和敷设应满足火灾时连续供电的需要，所有电线电缆均应为铜芯 11.3.2 地下线路敷设的电线电缆应采用低烟无卤阻燃电线电缆，地上线路敷设的电线电缆宜采用低烟无卤阻燃电线电缆 11.3.4 消防用电设备的配电线路应采用耐火电线电缆，由变电所引至重要消防用电设备的电源主干线及分支干线，宜采用矿物绝缘类不燃性电缆

第三节 城市交通隧道防火

【一般考点】考点1 建筑结构耐火

构件燃烧性能要求	通风系统的风管及其保温材料应采用不燃材料，柔性接头可采用难燃烧材料；隧道内的灯具、紧急电话箱(亭)应采用不燃烧材料制作的防火桥架；隧道内的电缆等应采用阻燃电缆或矿物绝缘电缆

(续)

结构耐火极限要求	风井和消防救援出入口：耐火等级为一级；地面重要设备用房、运营管理中心及其他辅助用房：耐火等级不低于二级
结构防火隔热措施	包括喷涂防火涂料或者防火材料、在衬砌中添加聚丙烯纤维或者安装防火板等

【一般考点】考点2 防火分隔

防火分隔构件	隧道内的水平防火分区应采用防火墙进行分隔，用于车辆疏散的辅助通道、横向联络道与隧道连接处应采用耐火极限不低于3.00h的防火卷帘进行分隔
管沟分隔	当通风、排烟管道穿越防火分区时，应在防火构件的两侧设置防火阀、排烟防火阀 当电缆沟跨越防火分区时，应在穿越处采用耐火极限不低于1.00h的不燃烧材料进行防火封堵
辅助用房防火分隔	辅助用房之间应采用耐火极限不低于2.00h的防火隔墙进行分隔，其隔墙上应设置能自行关闭的甲级防火门

【一般考点】考点3 隧道的安全疏散设施

安全出口	在两车道孔之间的隔墙上开设直接的疏散门,作为两孔互为备用的疏散口
安全通道	根据隧道形式的不同,分为以下四类: (1)利用横洞作为疏散联络道,两座隧道互为安全疏散通道 (2)利用平行导坑作为疏散通道 (3)利用竖井、斜井等设置人员疏散通道 (4)利用多种辅助坑道组合设置人员疏散通道
疏散楼梯	双层隧道上下层车道之间有条件的情况下,可以设置疏散楼梯,发生火灾时通过疏散楼梯至另一层隧道,间距一般取100m左右
避难室	避难室与隧道车道形成独立的防火分区,并通过设置气闸等措施,阻止火灾及烟雾进入。避难室大小和间距根据交通流量和疏散人员数量确定

【一般考点】考点4　隧道的消防设施配置

灭火设施	(1)隧道内应设置独立的消防给水系统 (2)对于危险级别较高的隧道,为保护隧道的主体结构,一般选用水喷雾灭火系统或泡沫水喷雾联用灭火系统 (3)隧道内应设置ABC类灭火器,设置点间距不应大于100m
报警设施	隧道入口100~150m处,应设置报警信号装置。隧道封闭长度超过1000m时,应设置消防控制室 隧道长度$L<1500m$时,设置一台火灾报警控制器;长度$L \geqslant 1500m$的隧道,设置一台主火灾报警控制器和多台分火灾报警控制器
防烟排烟系统排烟模式	(1)纵向排烟:较适用于单向行驶、交通量不高的隧道 (2)横向(半横向)排烟:适用于单管双向交通或交通量大、阻塞发生率较高的单向交通隧道 (3)重点排烟:适用于双向交通的隧道或交通量较大、阻塞发生率较高的隧道

第四节　加油加气站防火

【一般考点】考点 1　加油站的等级划分

级别	油罐容积/m³	
	总容积	单罐容积
一级	$150 < V \leqslant 210$	$V \leqslant 50$
二级	$90 < V \leqslant 150$	$V \leqslant 50$
三级	$V \leqslant 90$	汽油罐 $V \leqslant 30$，柴油罐 $V \leqslant 50$

注：汽车加油站根据汽油、柴油储存罐的容积规模划分为三个等级。

【重要考点】考点 2　加油加气站的站址选择及平面布局

站址选择	在城市中心区不应建一级加油站、一级加气站、一级加油加气合建站、CNG加气母站 城市建成区内的加油加气站，宜靠近城市道路，但不宜选在城市干道的交叉路口附近

(续)

平面布局	(1)车辆入口和出口应分开设置 (2)在加油加气合建站内,宜将柴油罐布置在 LPG 储罐或 CNG 储气瓶(组)、LNG 储罐与汽油罐之间 (3)加油加气作业区内,不得有"明火地点"或"散发火花地点" (4)加油加气站的变配电间或室外变压器应布置在爆炸危险区域之外,且与爆炸危险区域边界线的距离不应小于3m (5)加油加气站的工艺设备与站外建(构)筑物之间,宜设置高度不低于2.2m 的不燃烧体实体围墙

【一般考点】考点3 加油加气站建筑防火通用要求

(1)加油加气站内的站房及其他附属建筑物的耐火等级不应低于二级。当罩棚顶棚的承重构件为钢结构时,其耐火极限可为 0.25h,罩棚顶棚其他部分应采用不燃烧体建造

(续)

> (2)有爆炸危险的建筑物,应采取泄压措施。加油加气站内,爆炸危险区域内的房间的地坪应采用不发火花地面并采取通风措施
> (3)液化石油气加油加气站内不应种植树木和易造成可燃气体积聚的其他植物
> (4)加油岛、加气岛及汽车加油、加气场地宜设罩棚,罩棚应采用非燃烧材料制作,其有效高度不应小于4.5m。罩棚边缘与加油机或加气机的平面距离不宜小于2m
> (5)加油加气站的电力线路宜采用电缆并直埋敷设

【重要考点】考点4 加油加气站消防设施

灭火器材配置	(1)每两台加气机应配置不少于两具4kg手提式干粉灭火器,加气机不足两台应按两台配置 (2)每两台加油机应配置不少于两具4kg手提式干粉灭火器,或1具4kg手提式干粉灭火器和1具6L泡沫灭火器 (3)地下储罐应配置1台不小于35kg推车式干粉灭火器 (4)LPG泵和LNG泵、压缩机操作间(棚),应按建筑面积每50m²配置不少于两具4kg手提式干粉灭火器

(续)

消防给水设施	(1)液化石油气加气站、加油和液化石油气加气合建站应设消防给水系统 (2)液化石油气加气站、加油和液化石油气加气合建站消防给水系统的设计应符合下列要求： 1)液化石油气加气站采用地上储罐的，消火栓消防用水量不应小于 20L/s，连续给水时间不应小于 3h 2)总容积超过 50m³ 的地上储罐应设置固定式消防冷却水系统 3)三级站的液化石油气罐距市政消火栓不大于 80m，且市政消火栓给水压力大于 0.2MPa 时，可不设室外消火栓 4)消防水泵宜设两台
火灾报警系统	(1)加气站、加油加气合建站应设置可燃气体检测报警系统 (2)LPG 储罐和 LNG 储罐应设置液位上限、下限报警装置和压力上限报警装置 (3)报警系统应配有不间断电源

【一般考点】考点5　加油加气站供配电

供电负荷等级	三级
供电电源	加油站、LPG加气站、加油和LPG加气合建站的供电电源，宜采用电压为380V/220V的外接电源
电缆敷设	加油加气站的电力线路宜采用电缆并直埋敷设。电缆穿越行车道部分，应穿钢管保护 当采用电缆沟敷设电缆时，加油加气作业区内的电缆沟内必须充砂填实。电缆不得与油品、LPG、LNG和CNG管道以及热力管道敷设在同一沟内
照明灯具	选用非防爆型

第五节 发电厂与变电站防火

【一般考点】考点1 火力发电厂的防火设计要求

总平面防火设计	总平面设计的关键在于合理划定重点防火区域
耐火构造设计	根据防火分区划分合理设置防火墙,在防火墙上不应设门窗洞口;如必须开设,则应设耐火极限不低于1.50h的防火门窗
安全疏散设计	主厂房集中控制室应有两个安全出口 配电装置室内任一点到疏散出口的直线距离不应大于15m
防烟排烟系统防火设计	用于排烟的风机主要有离心风机和轴流风机 机械排烟系统的排烟量按房间换气次数每小时不小于6次计算
火灾自动报警系统设计	消防控制室应与集中控制室合并设置

(续)

灭火系统设计	水喷雾灭火系统	系统有效性的影响因素有：管道、阀门、喷头锈蚀和寒冷地区的冰冻以及杂质进入水系统等
	气体灭火系统	灭火剂宜设100%备用
	泡沫灭火系统	点火油罐区宜采用低倍数泡沫灭火系统
消防供电系统设计		消防水泵的动力要求：单机容量为25MW以上的火力发电厂应按Ⅰ类负荷供电，单机容量为25MW及以下的火力发电厂应按高于或等于Ⅱ类负荷供电 当采用双电源或双回路供电有困难时，应采用柴油发电机作备用电源

【一般考点】考点2　变电站防火设计要求

电气设备防火设计	(1)总油量超过100kg的室内油浸变压器，应设置单独的变压器室

(续)

电气设备防火设计	(2)35kV及以下室内配电装置当未采用金属封闭开关设备时,其油断路器、油浸电流互感器和电压互感器,应设置在两侧有不燃烧实体墙的间隔内;35kV以上室内配电装置应安装在有不燃烧实体墙的间隔内,不燃烧实体墙的高度不应低于配电装置带油设备的高度 (3)室内单台总油量为100kg以上的电气设备,应设置储油或挡油设施
电缆敷设防火设计	220kV及以上变电站,当电力电缆与控制电缆或通信电缆敷设在同一电缆沟或电缆隧道内时,宜采用防火隔板进行分隔
消防供电设计	(1)当消防用电设备采用双电源或双回路供电时,应在最末一级配电箱处自动切换 (2)应急照明可采用蓄电池作为备用电源,其连续供电时间不应少于30min (3)消防用电设备应采用单独的供电回路

第六节 飞机库防火

【重要考点】考点1 飞机库的总平面布局和平面布置

(1) 危险品库房、装有油浸电力变压器的变电所不应设置在飞机库内或与飞机库贴邻建造
(2) 飞机停放和维修区与其贴邻建筑的生产辅助用房之间的防火分隔措施,应根据生产辅助用房的使用性质和火灾危险性确定
(3) 飞机库内不宜设置办公室、资料室、休息室等用房
(4) 甲类、乙类火灾危险性的使用场所和库房不得设在飞机库地下或半地下室内
(5) 一般情况下,两座相邻飞机库之间的防火间距不应小于13m
(6) 飞机库周围应设环形消防车道,Ⅲ类飞机库可沿飞机库的两个长边设置消防车道

【一般考点】考点2 飞机库的防火分区和耐火等级

类别	防火分区允许最大建筑面积/m²	耐火等级
Ⅰ类飞机库	50000	一级
Ⅱ类飞机库	5000	不应低于二级
Ⅲ类飞机库	3000	

注:飞机库地下室耐火等级为一级。

【重要考点】考点3　飞机库安全疏散设计要求

> (1) 飞机停放和维修区的每个防火分区至少应有两个直通室外的安全出口,其最远工作地点到安全出口的距离不应大于75m
>
> (2) 飞机停放和维修区内的地下通行地沟应设有不少于两个通向室外的安全出口
>
> (3) 在防火分隔墙上设置的防火卷帘门应设逃生门,当同时用于人员通行时,应设疏散用的平开防火门
>
> (4) 飞机停放和维修区的疏散通道和疏散方向应在地面上设置永久性标线,并应标明疏散通道的宽度和通向安全出口的疏散方向,在安全出口处应设置明显指示标志

【重要考点】考点4　飞机库灭火设备的设置

泡沫—水雨淋系统	在飞机停放和维修区内的泡沫—水雨淋系统应分区设置 喷头宜采用带溅水盘的开式喷头或吸气式泡沫喷头 连续供水时间不应小于45min

（续）

翼下泡沫灭火系统	翼下泡沫灭火系统宜采用低位消防泡沫炮、地面弹射泡沫喷头或其他类型的泡沫释放装置
远控消防泡沫炮灭火系统	泡沫炮的固定位置应保证两股泡沫射流到达被保护的飞机停放和维修区的任何部位。泡沫炮可设置在高位也可设置在低位，一般是高低位配合使用
泡沫枪	泡沫枪宜采用室内消火栓接口，公称直径应为DN65，消防水带的长度不宜小于40m
高倍数泡沫灭火系统	高倍数泡沫发生器的数量和设置地点应满足均匀覆盖飞机停放和维修区地面的要求 为每架飞机设置的移动式泡沫发生器不应少于2台
自动喷水灭火系统	飞机库大厅自动喷水灭火系统宜采用湿式或预作用灭火系统，主要用于屋架内灭火、降温以保护屋架 自动喷水灭火系统的喷头宜采用快速响应喷头，公称动作温度宜采用79℃，周围环境温度较高区域宜采用93℃

第七节 汽车库、修车库防火

【一般考点】考点 1　汽车库、修车库的火灾危险性

> 主要表现在：起火快，燃烧猛；火灾类型多，难以扑救；通风排烟难；灭火救援困难；火灾影响范围大等方面

【重要考点】考点 2　汽车库、修车库总平面布局的防火设计

一般规定	汽车库、修车库、停车场不应布置在易燃、可燃液体或可燃气体的生产装置区和储存区内 汽车库不应与甲、乙类厂房、仓库贴邻或组合建造 地下、半地下汽车库内不应设置修理车位、喷漆间、充电间、乙炔间和甲、乙类物品库房 汽车库和修车库内不应设置汽油罐、加油机等 甲、乙类物品运输车的汽车库、修车库应为单层建筑，且应独立建造

(续)

防火间距	甲、乙类物品运输车的汽车库、修车库与民用建筑的防火间距不应小于25m，与重要公共建筑的防火间距不应小于50m 甲类物品运输车的汽车库、修车库与明火或散发火花地点的防火间距不应小于30m

【一般考点】考点3　汽车库防火分区最大允许建筑面积

耐火等级	单层汽车库/m²	多层汽车库、半地下汽车库/m²	地下汽车库或高层汽车库/m²
一级、二级	3000	2500	2000
三级	1000	不允许	不允许

注：1. 敞开式、错层式、斜楼板式汽车库的上下连通层面积应叠加计算，每个防火分区的最大允许建筑面积不应大于上表规定的2.0倍。

2. 汽车库内设有自动灭火系统，其每个防火分区最大允许建筑面积不应大于上表规定的2.0倍。

3. 室内有车道且有人员停留的机械式汽车库，其防火分区最大允许建筑面积应按上表规定减少35%。

【重要考点】考点 4 汽车库、修车库安全疏散设计要求

人员安全出口	除室内无车道且无人员停留的机械式汽车库外,汽车库、修车库内每个防火分区的人员安全出口不应少于 2 个,Ⅳ类汽车库和Ⅲ、Ⅳ类的修车库可设置 1 个 室内无车道且无人员停留的机械式汽车库可不设置人员安全出口,但应按有关规定设置供灭火救援用的楼梯间,且设汽车库检修通道,其净宽不应小于 0.9m 汽车库室内任一点至最近人员安全出口的疏散距离不应大于 45m,当设置自动灭火系统时,其距离不应大于 60m,对于单层或设置在建筑首层的汽车库,室内任一点至室外出口的距离不应大于 60m
汽车疏散出口	汽车库、修车库的汽车疏散出口总数不应少于 2 个,且应分散布置。Ⅳ类汽车库的汽车疏散出口可设置 1 个

【重要考点】考点5　汽车库、修车库消防设施的防火设计要求

消火栓系统	汽车库、修车库应设室外消火栓给水系统，其室外消防用水量应按消防用水量最大的一座计算 室内消火栓应设置在明显、易于取用的地方
固定灭火系统	设置在汽车库、修车库内的自动喷水灭火系统，喷头应设置在汽车库停车位的上方或侧上方 火灾扑救难度大的场所，可采用泡沫—水喷淋系统 地下、半地下汽车库可采用高倍数泡沫灭火系统
防烟排烟	除敞开式汽车库、建筑面积小于1000m²的地下一层汽车库和修车库外，汽车库、修车库应设置排烟系统，并应划分防烟分区 汽车库、修车库防烟分区的建筑面积不宜大于2000m²，且防烟分区不应跨越防火分区 排烟系统可采用自然排烟方式或机械排烟方式

(续)

疏散指示标志和应急照明	消防应急照明灯宜设置在墙面或顶棚上,其地面最低水平照度不应低于1.0lx 疏散指示标志宜设置在疏散通道及其转角处,且距地面高度1m以下的墙面上 通道上的指示标志,其间距不宜大于20m

第八节 洁净厂房防火

【一般考点】考点1 洁净厂房的火灾危险性

> 主要表现在:火灾危险源多,火灾发生概率高;洁净区域大,防火分隔困难;室内迂回曲折,人员疏散困难;建筑结构密闭,排烟扑救困难;火灾蔓延迅速,早期发现困难;生产工艺特殊,次生灾害控制困难等方面

【一般考点】考点 2 洁净厂房的建筑材料及其燃烧性能

耐火等级	不应低于二级
顶棚	顶棚的耐火极限不应低于 0.40h，疏散走道顶棚的耐火极限不应低于 1.00h
隔墙	隔墙及其相应顶板的耐火极限不应低于 1.00h，隔墙上的门窗耐火极限不应低于 0.60h
技术竖井	井壁应为非燃烧体，其耐火极限不应低于 1.00h。井壁上检查门的耐火极限不应低于 0.60h；竖井内在各层或间隔一层楼板处，应采用相当于楼板耐火极限的非燃烧体做水平防火分隔；穿过水平防火分隔的管线周围空隙，应采用非燃烧材料紧密填塞

【重要考点】考点 3 洁净厂房的防火分区设计要求

防火分区划分	在建筑设计时按不同的生产功能、使用功能来划分

(续)

甲、乙类生产的洁净厂房	宜采用单层厂房
甲、乙类生产的洁净厂房防火墙间最大允许占地面积	单层厂房应为3000m²，多层厂房应为2000m²

【重要考点】考点4　洁净厂房的安全疏散设施防火设计要求

安全出口	每一生产层、每一防火分区或每一洁净区的安全出口均不应少于两个
疏散楼梯	当疏散楼梯在首层无法设置直接对外的出口时，应设置直通室外的安全通道，安全通道内设置正压送风设施
疏散通道	在医药工业制剂厂房中，疏散走道的确定应尽量结合工艺要求，将工艺中已采取防火分隔措施的主通道作为安全疏散通道 建筑平面设计时应合理构筑人员安全疏散体系，洁净区外部通道尽可能环通
专用消防口	专用消防口的宽度不小于750mm，高度不小于1800mm，并应有明显标志 楼层专用消防口应设置阳台，并从二层开始向上层架设钢梯

【重要考点】考点5　洁净厂房的消防设施配置要求

室内消火栓	洁净室(区)的生产层及上下技术夹层，应设置室内消火栓，用水量不应小于10L/s，同时使用水枪数不应少于2支，水枪充实水柱不应小于10m，每只水枪的出水量不应小于5L/s
自动喷水灭火系统	自动喷水灭火系统已成为洁净厂房消防系统的首选配置。设置在洁净室或洁净区的自动喷水灭火系统，宜采用预作用自动喷水灭火系统
通风	《洁净厂房设计规范》(GB 50073—2013)第6.5.2条规定，洁净室内产生粉尘和有害气体的工艺设备，应设局部排风装置。第6.5.3条规定，在下列情况下，局部排风系统应单独设置：①排风介质混合后能产生或加剧腐蚀性、毒性、燃烧爆炸危险性和发生交叉污染；②排风介质中含有毒性的气体；③排风介质中含有易燃、易爆气体。第6.5.4条规定，洁净室的排风系统设计应符合下列规定：①应防止室外气流倒灌；②含有易燃、易爆物质的局部排风系统应按物理化学性质采取相应的防火防爆措施；③排风介质中有害物浓度及排放速率超过国家或地区有害物排放浓度及排放速率规定时，应进行无害化处理；④对含有水蒸气和凝结性物质的排风系统，应设坡度及排放口。第6.5.6条规定，根据生产工艺要求应设置事故排风系统。事故排风系统应设自动和手动控制开关，手动控制开关应分别设在洁净室内、外便于操作处

(续)

排烟	《洁净厂房设计规范》(GB 50073—2013)第6.5.7条规定,洁净厂房排烟设施的设置应符合下列规定:①洁净厂房中的疏散走廊应设置机械排烟设施;②洁净厂房设置的排烟设施应符合现行国家标准《建筑设计防火规范》GB 50016的有关规定
风管	《洁净厂房设计规范》(GB 50073—2013)第6.6.2条规定,下列情况之一的通风、净化空调系统的风管应设防火阀:①风管穿越防火分区的隔墙处,穿越变形缝的防火隔墙的两侧;②风管穿越通风、空气调节机房的隔墙和楼板处;③垂直风管与每层水平风管交接的水平管段上

【一般考点】考点6　洁净厂房的气体管道的安全技术措施

可燃气体管道应设置的安全技术措施	(1)接至用气设备的支管应设置阻火器 (2)引至室外的放散管,应设阻火器口并设防雷保护设施 (3)应设导除静电的接地设施
氧气管道应设置的安全技术措施	(1)管道及其阀门、附件应经严格脱脂处理 (2)应设导除静电的接地设施

第九节　古建筑防火

【一般考点】考点1　古建筑的火灾危险性

> 主要表现在：耐火等级低，火灾荷载大；组群布局，火势蔓延迅速；形体高大，有效控制火势难；远离城镇，灭火救援困难；用火用电多，管理难度大等方面

【一般考点】考点2　古建筑的消防总体布局

消防分区	《文物建筑防火设计导则（试行）》规定： 4.1.1　设置消防分区，应保持文物建筑及其环境风貌的真实性、完整性，单个消防分区的占地面积宜为3000~5000m²
安全疏散	《文物建筑防火设计导则（试行）》规定： 4.3.1　文物建筑防火保护区内安全出口或安全疏散通道不宜少于两个；因客观条件限制不能满足前述要求时，应根据实际情况限制文物建筑的使用方式和同时在内的人数
消防点	《文物建筑防火设计导则（试行）》规定： 4.4.1　距离最近的消防站接到出动指令后5min内不能到达的文物建筑所在区域，应合理设定消防点。消防点的设定应满足以下要求：

(续)

消防点	(1) 结合消防道路现状、消防救援装备配置情况,以 5min 内到达火点为标准选址、布置 (2) 优先利用原有建筑及场地设置,建筑面积不宜小于 15m²;严寒、寒冷地区应采取保温措施 (3) 设有明显标识

【一般考点】考点 3 古建筑的消防给水系统

消防水源	《文物建筑防火设计导则(试行)》规定: 5.2.3 当利用江河、湖泊、水塘、水井、水窖等天然水源作为消防水源时,应符合下列要求: (1) 能保证枯水期的消防用水量,其保证率应为 90% ~97% (2) 供消防车取水的天然水源,应有取水码头及通向取水码头的消防车道;当天然水源在最低水位时,消防车吸水高度不应超过 6m 5.2.4 当设置消防水池时,应符合下列要求: (1) 供消防车或手抬机动消防泵取水的消防水池应设吸水口,且不宜少于 2 处,并宜设在建筑物外墙倒塌范围以外;当消防水池在最低水位时,消防车吸水高度不应大于 6m

(续)

消防水源	(2)寒冷和严寒地区及其他有结冻可能的地区，消防水池应采取防冻措施
室外消火栓系统	《文物建筑防火设计导则(试行)》规定： 5.4.1 室外消火栓给水管应布置成环状 5.4.3 环状管道应用阀门分成若干独立段，文物建筑防火保护区内，每段内消火栓数量不宜超过2个 5.4.4 室外消火栓给水管道的直径不应小于DN100 5.4.8 道路条件许可时，室外消火栓距临街文物建筑的排檐垂直投影边线距离宜大于建筑物的檐高尺寸，且不应小于5m；文物建筑是重檐结构的，应按头层檐高计算。道路宽度受限时，在不影响平时通行和火灾使用的前提下，可灵活设置
室内消火栓系统	《文物建筑防火设计导则(试行)》规定： 5.5.4 设置室内消火栓时，各层任意部位应有两支水枪的充实水柱同时到达，充实水柱不小于10m，消火栓间距不应大于30m，并置于便于使用的地方 5.5.5 室内消火栓给水管道应布置成环状，与室外管网或消防水泵相连接的进水管不应少于2条

第十节 人民防空工程防火

【一般考点】考点1 人民防空工程火灾危险性的特点

主要表现在:火场温度高,有毒气体多;内部格局复杂,疏散难度大;储存物品多,火灾荷载大;内部纵深大,灭火战斗困难等方面

【重要考点】考点2 人民防空工程防火分区建筑面积

(1)人防工程内丙类、丁类、戊类物品库房的防火分区允许最大建筑面积应符合下表的规定

储存物品类别		防火分区最大允许建筑面积/m²
丙	闪点≥60℃的可燃液体	150
	可燃固体	300
丁		500
戊		1000

> 注：当设置有火灾自动报警系统和自动灭火系统时，允许最大建筑面积可增加1倍；局部设置时，增加的面积可按该局部面积的1倍计算。
>
> （2）设置有火灾自动报警系统和自动灭火系统的商业营业厅、展览厅等，当采用A级装修材料装修时，防火分区允许最大建筑面积不应大于2000m²
>
> （3）电影院、礼堂的观众厅，防火分区允许最大建筑面积不应大于1000m²。当设置有火灾自动报警系统和自动灭火系统时，其允许最大建筑面积也不得增加

【重要考点】考点3　人民防空工程防火分隔要求

消防控制室	采用耐火极限不低于2.00h的隔墙和1.50h的楼板与其他场所隔开，墙上设置常闭的甲级防火门
柴油发电机房的储油间	墙上设置常闭的甲级防火门，并设置高150mm的不燃烧、不渗漏的门槛，地面不得设置地漏
歌舞娱乐放映游艺场所	一个厅、室的建筑面积不大于200m²的，采用耐火极限不低于2.00h的隔墙和1.50h的楼板与其他场所隔开，隔墙上可设置不低于乙级的防火门

(续)

其他	人防工程中允许使用的可燃气体和丙类液体管道，除可穿过柴油发电机房、燃油锅炉房的储油间与机房间的防火墙外，严禁穿过防火分区之间的防火墙

【重要考点】考点4　人民防空工程安全出口

出口形式	疏散楼梯间	电影院、礼堂；建筑面积大于500m²的医院、旅馆等公共活动场所的人防工程，当底层室内地面与室外出入口地坪高差大于10m时，应设置防烟楼梯间；当地下为两层，且地下第二层的室内地面与室外出入口地坪高差不大于10m时，应设置封闭楼梯间
	避难走道	（1）避难走道直通地面的出口不应少于2个，并应设置在不同方向 （2）通向避难走道的各防火分区人数不等时，避难走道的净宽不应小于设计纳人数最多一个防火分区通向避难走道各安全出口最小净宽之和 （3）避难走道的装修材料燃烧性能等级应为A级 （4）防火分区至避难走道入口处应设置前室，前室面积不应小于6m²，前室的门应为甲级防火门 （5）避难走道应设置消火栓、火灾应急照明、应急广播和消防专线电话

(续)

设置要求	人防工程每个防火分区的安全出口数量不应少于2个。人防工程有2个或2个以上防火分区相邻,可将相邻防火分区之间防火墙上设置的防火门作为安全出口 建筑面积不大于200m²,且经常停留人数不超过3人的防火分区,可只设置一个通向相邻防火分区的防火门

【重要考点】考点5 人民防空工程中安全疏散设施的安全疏散距离和疏散宽度

安全疏散距离	(1)房间内最远点至该房间门的距离:不超过15m (2)房间门至最近安全出口的最大距离:医院应为24m,旅馆应为30m,其他工程应为40m (3)观众厅、展览厅、多功能厅、餐厅、营业厅和阅览室等,其室内任意一点到最近安全出口的直线距离不宜大于30m;当该防火分区设置有自动喷水灭火系统时,疏散距离可增加25%
安全疏散宽度	按该防火分区设计容纳总人数乘以疏散宽度指标计算确定

【重要考点】考点6　室内消火栓系统、火灾自动报警系统的设置

室内消火栓系统	设置范围	建筑面积大于300m^2的人防工程；电影院、礼堂、消防电梯间前室和避难走道
	自动喷水灭火系统的设置范围	(1) 除丁类、戊类物品库房和自行车库外，建筑面积大于500m^2丙类库房和其他建筑面积大于1000m^2的人防工程 (2) 大于800个座位的电影院和礼堂的观众厅，且顶棚下表面至观众席室内地面高度不大于8m时；舞台使用面积大于200m^2时；观众厅与舞台之间的台口宜设置防火幕或水幕分隔 (3) 歌舞娱乐放映游艺场所 (4) 建筑面积大于500m^2的地下商店和展览厅 (5) 燃油或燃气锅炉房和装机总容量大于300kW柴油发电机房 (6) 建筑面积大于100m^2，小于或等于500m^2的地下商店和展览厅
火灾自动报警系统		以下人防工程或部位应设置火灾自动报警系统： (1) 人防工程中建筑面积大于500m^2的地下商店、展览厅和健身体育场所

(续)

火灾自动报警系统	(2) 建筑面积大于 $1000m^2$ 的丙类、丁类生产车间和丙类、丁类物品库房 (3) 重要的通信机房和电子计算机机房，柴油发电机房和变配电室，重要的实验室和图书、资料、档案库房等 (4) 歌舞娱乐放映游艺场所

【一般考点】考点7　消防疏散照明和消防备用照明

消防疏散照明	消防疏散照明灯设置在疏散走道、楼梯间、防烟前室、公共活动场所等部位的墙面上部或顶棚下，其地面的最低照度不应低于5.0lx 歌舞娱乐放映游艺场所、总建筑面积大于 $500m^2$ 的商业营业厅等公众活动场所的疏散走道的地面上，应设置能保持视觉连续发光的疏散指示标志，并宜设置灯光型疏散指示标志
消防备用照明	建筑面积大于 $5000m^2$ 的人防工程，其消防备用照明度值宜保持正常照明的照度值 建筑面积不大于 $5000m^2$ 的人防工程，其消防备用照明的照度值不宜低于正常照明照度值的50%

第四篇 消防安全评估

第一节 火灾风险评估

【一般考点】考点1 火灾风险评估分类

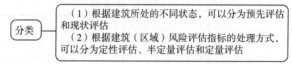

分类
（1）根据建筑所处的不同状态，可以分为预先评估和现状评估
（2）根据建筑（区域）风险评估指标的处理方式，可以分为定性评估、半定量评估和定量评估

【一般考点】考点2 火灾风险评估的基本流程

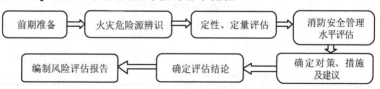

【重要考点】考点3　安全检查表法的运用

概述	安全检查表法是最基础、最简单的一种系统安全分析方法
形式	提问式、对照式
作用	(1)可以实现安全检查的标准化和规范化 (2)使检查人员避免遗漏和疏忽,以便发现和查明各种问题及隐患 (3)是监督各项安全规章制度的实施、制止"三违"(即违章指挥、违章作业和违反劳动纪律)的有效方法 (4)是安全教育的一种手段 (5)有利于落实安全生产责任制 (6)能够带动广大干部职工认真遵守安全纪律,提高安全意识,掌握安全知识,形成"全员管安全"的局面
编制方法	经验法、系统安全分析法
编制程序	确定系统→找出危险点→确定项目与内容,编制成表→检查应用→整改→反馈

(续)

优点	(1) 具有全面性与系统性 (2) 有明确的检查目标 (3) 简单易懂、容易掌握、易行"群管" (4) 有利于明确责任,避免在发生事故时的责任纠缠不清 (5) 有利于安全教育 (6) 可以事先编制,集思广益 (7) 可以随科学发展和标准规范的变化不断完善

【重要考点】考点4 预先危险性分析法的运用

概念		在评估对象运营之前,特别是在设计的开始阶段,对系统存在火灾风险类别、出现条件后果等进行概略的分析,尽可能评价出潜在的火灾危险性
危险 分级	Ⅰ级	安全的:不会造成人员伤亡和财产损失以及环境危害、社会影响等

(续)

危险分级	Ⅱ级	临界的：可能降低整体安全等级，但不会造成人员伤亡，能通过采取有效消防措施消除和控制火灾危险的发生
	Ⅲ级	危险的：在现有消防装备条件下，很容易造成人员伤亡和财产损失以及环境危害、社会影响等
	Ⅳ级	破坏性的：会造成严重的人员伤亡和财产损失以及环境危害、社会影响等
辨识危险性		直接火灾、间接火灾、自动反应、人的因素
危险性控制		限制能量，防止能量散逸，降低损害和程度，防止人为失误

【一般考点】考点5　事件树分析法的运用

概念	事件树分析法即按事故发展的时间顺序，由初始事件开始推论可能的后果，从而进行危险源辨识的方法
事件树的编制程序	确定初始事件→判定安全功能→绘制事件树→简化事件树

(续)

事件树的定性分析	(1)找出事故连锁 (2)找出预防事故的途径
事件树的定量分析	事件树的定量分析是指根据每一事件的发生概率,计算各种途径的事故发生概率,比较各个途径的概率大小,做出事故发生可能性序列,确定最易发生事故的途径

【一般考点】考点6　事故树分析法的运用

概念	事故树分析法即把系统可能发生的某种事故与导致事故发生的各种原因之间的逻辑关系用一种称为事故树的树形图表示,通过对事故树的定性与定量分析,找出事故发生的主要原因,为确定安全对策提供可靠依据
事故树的定性分析	一个事故树中的割集一般不止一个,在这些割集中,凡不包含其他割集的,称为最小割集。最小割集是引起顶事件发生的充分必要条件。最小割集越多,说明系统的危险性越大 在事故树中,不发生的基本事件的集合称为径集。在同一事故树中,不包含其他径集的径集称为最小径集。求最小径集一般采用对偶树法

(续)

事故树的定量分析	事故树的定量分析首先确定基本事件的发生概率,然后求出事故树顶事件的发生概率。求出顶事件的发生概率之后,可与系统安全目标值进行比较和评价,当计算值超过目标值时,就需要采取防范措施,使其降至安全目标值以下

【一般考点】考点 7 其他火灾风险评估方法

其他火灾风险评估方法:
- 火灾安全评估系统
- SIA81 法
- Entec 消防风险评估法
- 火灾风险指数法
- 基于抵御和破坏能力的建筑火灾风险评价
- 火灾风险评估和性能化防火设计
- 试验方法

(续)

下面对抵御和破坏能力的建筑火灾风险评价进行阐述:

用线性加权模型分别计算破坏力量和抵御力量的分值,计算公式为

$$V = \sum_{i=1}^{n} W_i F_i$$

式中 V——破坏力量或抵御力量的分值

W_i——各级指标的权重

F_i——最基层指标的分值

通过比较破坏力量和抵御力量的比值可以判断评价对象的火灾风险。设 R = 破坏力量/抵御力量,则 R 的大小与火灾风险等的关系见下表。

R	风险等级	R	风险等级
<0.4	低风险	1.2~1.6	较高风险
0.4~0.8	较低风险	>1.6	极高风险
0.8~1.2	中等风险		

第二节　火灾风险识别

【一般考点】考点 1　火灾危险源的分类

第一类危险源	是指产生能量的能量源或拥有能量的载体。它是事故发生的前提，决定了事故后果的严重程度
第二类危险源	是指导致约束、限制能量屏蔽措施失效或破坏的各种不安全因素。第二类危险源出现的难易程度决定了事故发生可能性的大小

【一般考点】考点 2　火灾发展过程与火灾风险评估

火灾发生	这一阶段考虑的是评估对象是否存在着火的可能性，其中有哪些因素可能导致火源突破控制，引起火灾发生。这一阶段的评估称为火灾危险源评估
火灾发生初期	这一阶段考虑的是物质着火后，不考虑各种内外部消防措施和消防力量的干预作用，在纯自然状态下评估火灾可能引起的后果损失。这一阶段的评估称为火灾危险性评估

(续)

火灾发展中期	火灾发生后,物质的燃烧受到建(构)筑物内自动灭火系统启动灭火、防烟排烟系统发挥防烟分隔和排烟功能、人员参与灭火等消防措施和内部消防力量的影响,根据这些因素共同作用的效率,来衡量火灾可能造成的后果损失。这一阶段的评估称为狭义火灾风险评估
火灾发展中后期	在物质着火后,除了建筑消防设施功能和单位相关人员能力之外,还应考虑在初起火灾扑救失败之后,外部的消防力量进行干预,投入灭火救援工作,根据这些因素共同作用的效率,来衡量火灾可能造成的后果损失。这一阶段的评估称为广义火灾风险评估

【重要考点】考点3 火灾危险源分析

客观因素	(1)电气引起火灾 (2)易燃易爆物品引起火灾 (3)气象因素引起火灾
人为因素	(1)用火不慎引起火灾 (2)不安全吸烟引起火灾 (3)人为纵火

【一般考点】考点4　建筑防火——被动防火

防火间距	影响因素有：热辐射，热对流，建筑物外墙开口面积，建筑物内可燃物的性质、数量和种类，风速，相邻建筑物的高度，建筑物内消防设施的水平，灭火时间
耐火等级	通常用耐火等级来表示建筑物所具有的耐火性。一座建筑物的耐火等级是由组成建筑物的所有构件的耐火性决定的
防火分区	防火分区主要是通过在一定时间内阻止火势蔓延，且把建筑物内部空间分隔成若干较小防火空间的防火分隔设施来实现的
消防扑救条件	根据消防通道和消防扑救面的实际情况进行衡量
防火分隔设施	常用的防火分隔设施有防火墙、防火门、防火卷帘等

【一般考点】考点5　建筑防火——主动防火

灭火器材	灭火器材的配置是否符合要求，是否能够及时维护以保持其完好可用，都将决定着潜在火势的发展状况

火灾自动报警系统	火灾探测器是火灾自动报警系统的重要组成部分,分为感烟火灾探测器、感温火灾探测器、气体火灾探测器、感光火灾探测器
疏散设施	疏散设施的目的主要是使人员能从发生事故的建筑中迅速撤离到安全部位,及时转移室内重要的物资和财产,同时,尽可能地减少火灾造成的人员伤亡与财产损失,也为消防人员提供有利的灭火救援条件等

【一般考点】考点6 消防力量

> 消防力量主要包括消防站、消防队员、消防装备、到场时间、应急预案完善、后勤保障等方面的内容

第三节 建筑消防性能化设计

【一般考点】考点1 建筑消防性能化设计范围

适用	(1)超出现行国家消防技术标准适用范围的 (2)按照现行国家消防技术标准进行防火分隔、防烟与排烟、安全疏散、建筑构件耐火等设计时,难以满足工程项目特殊使用功能的

(续)

不适用	(1) 国家法律法规和现行国家消防技术标准强制性条文规定的 (2) 国家现行消防技术标准已有明确规定，且无特殊使用功能的建筑 (3) 居住建筑 (4) 医疗建筑、教学建筑、幼儿园、托儿所、老年人照料设施、歌舞娱乐放映游艺场所 (5) 甲类、乙类厂房，甲类、乙类仓库，可燃液体、气体储存设施及其他易燃易爆工程或场所

【一般考点】考点 2　建筑消防性能化设计的基本程序和设计步骤

基本程序	(1) 确定建筑的使用功能、用途和建筑设计的适用标准 (2) 确定需要采用性能化设计方法进行设计的问题 (3) 确定建筑的消防安全总体目标 (4) 进行消防性能化试设计和评估验证 (5) 修改、完善设计，并进一步评估验证，确定性能是否满足既定的消防安全目标 (6) 编制设计说明与分析报告，提交审查和批准

(续)

设计步骤	确定性能化设计的内容、范围→确定总体目标、功能要求和性能判据→开展火灾危险源识别→制订试设计方案→设定火灾场景和疏散场景→选择工程方法→评估试设计方案→确定最终设计方案→完成报告,编写性能化设计评估报告

第四节 火灾场景设计

【一般考点】考点1 确定火灾场景的方法

> 确定火灾场景的方法有:故障类型和影响分析、故障分析、如果—怎么办分析、相关统计数据、工程核查表、危害指数、危害和操作性研究、初步危害分析、故障树分析、事件树分析、原因后果分析和可靠性分析等

【一般考点】考点2 设定火灾时需分析和确定建筑物的基本情况

建筑物内可燃物分析	着重分析的因素: (1)潜在的引火源

（续）

建筑物内可燃物分析	(2) 可燃物的种类及其燃烧性能 (3) 可燃物的分布情况 (4) 可燃物的火灾荷载密度
建筑的结构布局分析	着重分析的因素有： (1) 起火房间的外形尺寸和内部空间情况 (2) 起火房间的通风口形状及分布、开启状态 (3) 房间与相邻房间、相邻楼层及疏散通道的相互关系 (4) 房间的围护结构构件和材料的燃烧性能、力学性能、隔热性能、毒性性能及发烟性能
建筑物的自救能力与外部救援力量分析	分析的因素有： (1) 建筑物的消防供水情况和建筑物室内外的消火栓灭火系统 (2) 建筑内部的自动喷水灭火系统和其他自动灭火系统的类型与设置场所 (3) 火灾报警系统的类型与设置场所 (4) 消防队的技术装备、到达火场的时间和灭火控火能力 (5) 烟气控制系统的设置情况

【一般考点】考点 3　建筑物内的火灾荷载密度计算

> 建筑物内的火灾荷载密度用室内单位地板面积的燃烧热值表示，公式如下：
> $$q_f = \frac{\Sigma G_i H_i}{A}$$
>
> 式中　q_f——火灾荷载密度（MJ/m^2）
>
> 　　　G_i——某种可燃物的质量（kg）
>
> 　　　H_i——某种可燃物单位质量的发热量（MJ/kg）
>
> 　　　A——着火区域的地板面积（m^2）

【重要考点】考点 4　热释放速率的计算

稳态火灾	$\dot{Q} = \dot{m} h_c$ 式中　$\dot{Q}$——稳态火灾的热释放速率（kW） 　　　$\dot{m}$——燃料的质量燃烧速率（kg/s） 　　　h_c——燃料的燃烧值（kJ/kg）

(续)

t^2 模型	$$\dot{Q} = \alpha t^2$$ 式中 $\dot{Q}$——火源热释放速率(kW) α——火灾发展系数(kW/s^2),$\alpha = \dot{Q}_0/t_0^2$ t——火灾的发展时间(s) t_0——火源热释放速率 $\dot{Q} = 1MW$ 时所需要的时间(s)
MRFC 模型	$$\dot{Q} = \dot{r}_{sp} H_u A_f \chi \text{ 或 } \dot{Q} = \dot{q} A_f$$ 式中 $\dot{r}_{sp}$——单位面积上的质量损失速率[$kg/(m^2 \cdot s)$] H_u——可燃物的平均热值(kJ/kg) χ——可燃物的燃烧效率(%),在充分燃烧条件下,取 $\chi = 100\%$ A_f——火源燃烧面积(m^2) $\dot{q}$——单位面积上的热释放速率(kW/m^2)

第五节 烟气流动分析

【一般考点】考点 1　烟气流动的驱动作用

> 烟气流动的驱动作用表现在烟囱效应，浮力作用，气体热膨胀作用，外部风向作用，供暖、通风和空调系统等方面

【重要考点】考点 2　烟气流动分析

火羽流	在火灾中，火源上方的火焰及燃烧生成的烟气通常称为火羽流
顶棚射流	顶棚射流是一种半无限的重力分层流，当烟气在水平顶棚下积累到一定厚度时，它便发生水平流动。顶棚射流的厚度逐渐增加而速度逐渐降低
大空间窗口羽流	根据木材及聚氨酯等试验数据得到平均热释放率的计算公式如下： $$\dot{Q} = 1260 A_w H_w^{\frac{1}{2}}$$ 式中　A_w——开口的面积(m^2) 　　　H_w——开口的平均高度(m) 大空间窗口羽流的质量流率计算公式如下：

（续）

大空间窗口羽流	$$\begin{cases} M = 0.68(A_w H_w^{\frac{1}{2}})^{\frac{1}{3}}(Z_w + \alpha)^{\frac{5}{3}} + 1.59 A_w H_w^{\frac{1}{2}} \\ \alpha = 2.40 A_w^{\frac{2}{5}} H_w^{\frac{1}{5}} - 2.1 H_w \end{cases}$$ 式中 Z_w——距离窗口顶端之上的高度(m) α——烟流高度修正系数

【重要考点】考点3　烟气流动的计算方法及模型选用原则

经验模型	经验模型是对火灾过程的较浅层次的经验模拟，应用这些经验模型，可以对火灾的主要分过程有较清楚的了解
区域模型	应用区域模型既可以在一定程度上了解火灾的成长过程，也可以分析火灾烟气的扩散过程
场模型	用于火灾数值模拟的专用软件有瑞典Lund大学的SOFIE、美国NIST开发的FDS和英国的JASMINE等，它们的特点是针对性较强。场模型可以得到比较详细的物理量的时空分布，能精细地体现火灾现象
场区混合模型	能更为准确地反映火灾过程的特征

第六节 人员安全疏散分析

【一般考点】考点1 影响人员安全疏散的因素

人员内在影响因素	主要包括人员心理因素、人员生理因素、人员现场状态因素、人员社会关系因素等
外在环境影响因素	主要是指建筑物的空间几何形状、建筑功能布局以及建筑内具备的防火条件等因素
其他	环境变化影响因素;救援和应急组织影响因素

【重要考点】考点2 人员疏散时间的计算方法

用于确定建筑内人员必需疏散时间(t_{RSET})按下列公式计算:

$$t_{RSET} = t_{det} + t_{warn} + (t_{pre} + t_{trav})$$

式中 t_{RSET}——必需疏散时间

t_{det}——探测时间

（续）

> t_{warn}——报警时间
>
> t_{pre}——预动作时间,是指人员在接收到火灾报警信号以后,有各种本能反应的时间,包括识别时间和反应时间
>
> t_{trav}——运动时间,是指建筑内的人员从疏散行动开始至疏散结束所需要的时间,包括行走时间和通过时间

【重要考点】考点3　人员安全疏散分析参数

人员数量	人员数量 = 每小时人数 × 停留时间
人员的行走速度	影响因素有:人员自身条件;建筑情况;人员密度
出口处人流的比流量	比流量是指建筑物出口在单位时间内通过单位宽度的人流数量,反映了单位宽度的通行能力 随着人员密度的增大,单位时间内通过单位宽度疏散走道的人员数目也增大,当人员密度增大到一定程度,疏散走道内的人员过分拥挤,限制了人员行走速度,从而导致比流量的减少
通道的有效宽度	在工程计算中应从实际通道宽度中减去边界层的厚度,得到有效宽度

【重要考点】考点4　人员疏散安全性评估

判定原则	在建筑某火灾危险区域内发生火灾时,如人的可用疏散时间(t_{ASET})足以超过必需疏散时间(t_{RSET}),即 $t_{ASET} > t_{RSET}$,则建筑疏散设计方案可行;否则需对该设计方案进行调整,直至其满足人员安全疏散的要求
解决方案	对于评估后需要改进、提高疏散安全性的场所,可以通过以下几方面来解决: (1)增加疏散出口的数量,缩短独立疏散出口间距;增加疏散出口及疏散通道的宽度,提高疏散通道通行能力 (2)改善区域烟气控制措施,如提高排烟量、改变排烟方式、改进防烟分区设置等 (3)改善火灾探测、报警系统设计,改善应急通知和广播系统设计,提高早期报警速度,改善火灾警报通知效果 (4)完善疏散指示系统设计,包括出口标志、导流标志以及加强应急照明,提高疏散通道使用效率

第七节 建筑结构耐火性能分析

【一般考点】考点 1　影响建筑结构耐火性能的因素

> 影响建筑结构耐火性能的因素有结构类型、荷载比、火灾规模、结构及构件温度场

【一般考点】考点 2　构件抗火极限状态设计要求

> 构件的承载能力极限状态包括以下几种情况：
> (1) 轴心受力构件截面屈服
> (2) 受弯构件产生足够的塑性铰而成为可变机构
> (3) 构件整体丧失稳定
> (4) 构件达到不适于继续承载的变形
> 对于一般的建筑结构，可只验算构件的承载能力；对于重要的建筑结构，还要进行整体结构的承载能力验算

【重要考点】考点3 结构温度场分析

(1) 高温下钢材的有关热工参数见下表。

参数名称	符号	数值	单位
热导率	λ_s	45	W/(m·℃)
质量热容	c_s	600	J/(kg·℃)
密度	ρ_s	7850	kg/m³

(2) 高温下普通混凝土的有关热工参数的计算：
1) 热导率可按下式取值，即：

$$\lambda_c = 1.68 - 0.19 \times \frac{T_c}{100} + 0.0082 \times \left(\frac{T_c}{100}\right)^2 \quad (20℃ \leq T_c < 1200℃)$$

2) 质量热容应按下式取值，即：

$$c_c = 890 + 56.2 \times \frac{T_c}{100} - 3.4 \times \left(\frac{T_c}{100}\right)^2 \quad (20℃ \leq T_c < 1200℃)$$

(续)

式中 T_c——混凝土的温度(℃)

c_c——混凝土的质量热容[J/(kg·℃)]

混凝土的密度：$\rho_c = 2300 \text{kg/m}^3$

【一般考点】考点4 整体结构耐火性能计算的一般步骤

(1)确定材料热工性能及高温下材料的本构关系和热膨胀系数
(2)确定火灾升温曲线及火灾场景
(3)建立建筑结构传热分析和结构分析有限元模型
(4)进行结构传热分析
(5)将按照火灾极限状态的组合荷载施加到结构分析有限元模型，进行结构力学性能非线性分析
(6)确定建筑结构整体的火灾安全性
(7)进行构件的验算

第八节　建筑性能化防火设计报告

【一般考点】考点　建筑性能化防火设计报告的内容

(1) 建筑基本情况及性能化设计的内容
(2) 分析目的及安全目标
(3) 性能判定标准，即性能指标
(4) 火灾场景设计
(5) 所采用的分析方法及其所基于的假设
(6) 计算分析与评估
(7) 不确定性分析
(8) 结论与总结
(9) 参考文献
(10) 设计单位和人员资质说明和从业条件

第五篇　消防安全管理

第一节　消防安全管理概述

【一般考点】考点1　消防安全管理的特征

消防安全管理特征
- 全方位性
- 全天候性
- 全过程性
- 全员性
- 强制性

【重要考点】考点2　消防安全管理的要素

消防安全管理的主体	政府、部门、单位、个人都是消防工作的主体,是消防安全管理活动的主体

(续)

消防安全管理的对象		即消防安全管理资源,主要包括人、财、物、信息、时间、事务等六个方面
消防安全管理的依据		法律政策依据、规章制度依据
消防安全管理的原则		谁主管谁负责的原则,依靠群众的原则,依法管理的原则,科学管理的原则,综合治理的原则
消防安全管理的方法	基本方法	包括行政方法、法律方法、行为激励方法、咨询顾问方法、宣传教育方法及舆论监督方法等
	技术方法	包括安全检查表分析方法、因果分析方法、事故树分析方法及消防安全状况评估方法等
消防安全管理的目标		火灾发生的频率和火灾造成的损失降到最低限度或社会公众所能容许的限度

第二节　建筑火灾的消防安全管理

【一般考点】考点 1　单位内部管理

消防安全责任制	切实做到"谁主管、谁负责；谁在岗、谁负责"
消防设施维护管理	定期对消防中介服务组织进行抽查、测试、考核；统一维护保养技术标准
管理人员及员工消防安全培训	培训方式：理论授课、现场参观、实地操作、火灾事故案例分析
隐患检查整改机制	当场整改、限期整改

【一般考点】考点 2　消防监督管理工作

消防宣传	通过消防宣传，可以提高社会对消防安全的重视程度，增强对火灾安全的防范意识，了解火灾的危险性，落实消防制度，认识到消除火灾隐患的重要性，以及树立良好的消防法制观念

(续)

消防培训	通过消防培训,公众可以掌握最新的技术方法、装备操作技能,并提高实战分析和解决问题的能力
监督检查	对火灾危险源状况、建筑防火状况以及单位内部管理状况的监督管理,尤其是隐患排查整治等消防安全保卫的许多方面,在很大程度上都依赖于消防监督人员的巡查检查力度

第三节 消防安全重点单位

【一般考点】考点1 消防安全重点单位的界定标准

商场(市场)、宾馆(饭店)、体育场(馆)、会堂、公共娱乐场所等公众聚集场所	(1)建筑面积在1000m²以上且经营可燃商品的商场(商店、市场) (2)客房数在50间以上的(旅馆、饭店) (3)公共的体育场(馆)、会堂 (4)建筑面积在200m²以上的公共娱乐场所

(续)

医院、养老院和寄宿制的学校、托儿所、幼儿园	(1) 住院床位在 50 张以上的医院 (2) 老人住宿床位在 50 张以上的养老院 (3) 学生住宿床位在 100 张以上的学校 (4) 幼儿住宿床位在 50 张以上的托儿所、幼儿园
公共图书馆、展览馆、博物馆、档案馆以及具有火灾危险性的文物保护单位	(1) 建筑面积在 2000m^2 以上的公共图书馆、展览馆 (2) 博物馆、档案馆 (3) 具有火灾危险性的县级以上文物保护单位
高层公共建筑、地下铁道、地下观光隧道、粮、棉、木材、百货等物资仓库和堆场，重点工程的施工现场	(1) 高层公共建筑的办公楼（写字楼）、公寓楼等 (2) 城市地下铁道、地下观光隧道等地下公共建筑和城市重要的交通隧道 (3) 国家储备粮库、总储备量在 10000t 以上的其他粮库 (4) 总储量在 500t 以上的棉库 (5) 总储量在 10000m^3 以上的木材堆场 (6) 总储存价值在 1000 万元以上的可燃物品仓库、堆场 (7) 国家和省级等重点工程的施工现场

注："以上"均包含本数。

【一般考点】考点 2　消防安全重点单位的界定程序

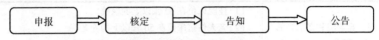

第四节　消防安全组织

【一般考点】考点 1　成立消防安全组织的目的

(1) 贯彻"预防为主、防消结合"的消防工作方针
(2) 制订科学合理的、行之有效的各种消防安全管理制度和措施
(3) 落实消防安全自我管理、自我检查、自我整改、自我负责的机制
(4) 做好火灾事故和风险的防范，确保本单位消防安全

【一般考点】考点 2　消防安全组织的组成及其职责

消防安全委员会或消防工作领导小组	(1) 起草下发本单位有关消防文件，制订有关消防规定、制度，组织、策划重大消防活动 (2) 督促、指导消防管理部门和其他部门加强消防基础档案材料和消防设施建设，落实逐级防火责任制

（续）

消防安全委员会或消防工作领导小组	(3)组织对本单位专(兼)职消防管理人员的业务培训 (4)组织防火检查和重点时期的抽查工作 (5)组织对重大火灾隐患的认定和整改工作 (6)负责组织对重点部位消防应急预案的制订、演练、完善工作，依工作实际，统一有关消防工作标准等
消防安全管理部门	(1)贯彻实施公安机关消防机构布置的工作 (2)负责处理单位消防安全委员会或消防工作领导小组和主管领导交办的日常工作 (3)推行逐级防火责任制和岗位防火责任制 (4)进行经常性的消防教育 (5)负责消防器材分布管理、检查、保管维修及使用 (6)建立健全消防档案等
其他部门	(1)明确本部门及所有岗位人员的消防工作职责 (2)实施本部门职责范围内的每日防火巡查、每月防火检查等消防安全工作

(续)

其他部门	(3)负责监督、检查和落实与本部门工作有关的消防安全制度的执行和落实 (4)积极组织本部门职工参加消防知识教育和灭火应急疏散演练,提高消防安全意识等

第五节　消防安全职责

【重要考点】考点1　单位消防安全职责

一般单位职责	(1)落实消防安全责任制 (2)配置消防设施、器材,设置消防安全标志 (3)消防设施检测 (4)保障疏散通道、安全出口、消防车通道畅通 (5)组织防火检查 (6)组织进行消防演练

(续)

消防安全重点单位职责	除一般单位职责外，还应履行以下职责 (1)确定消防安全管理人，组织实施本单位的消防安全管理工作 (2)建立消防档案，确定消防安全重点部位，设置防火标志，实行严格管理 (3)进行岗前安全培训

【一般考点】考点2　各类人员职责

消防安全责任人职责	(1)确定逐级消防安全责任 (2)组织防火检查 (3)建立专职消防队、志愿消防队 (4)组织制订应急疏散预案，并实施演练
消防安全管理人职责	(1)拟定年度消防工作计划，组织实施日常消防安全管理工作 (2)组织制订消防安全制度 (3)拟定消防安全工作的资金投入和组织保障方案 (4)组织实施防火检查和火灾隐患整改工作

(续)

消防安全管理人职责	(5)组织管理专职消防队和志愿消防队
专(兼)职消防管理人员职责	(1)了解本单位消防安全状况,及时向上级报告 (2)实施日常防火检查、巡查,及时发现火灾隐患,落实火灾隐患整改措施 (3)管理、维护消防设施、灭火器材和消防安全标志 (4)组织开展消防宣传,对全体员工进行教育培训 (5)编制灭火和应急疏散预案,组织演练
部门消防安全责任人职责	(1)组织实施消防安全管理工作计划 (2)开展消防安全教育与培训,制订消防安全管理制度,落实消防安全措施 (3)实施消防安全巡查和定期检查 (4)发现火灾,及时报警,并组织人员疏散和初起火灾扑救

第六节　消防安全制度

【一般考点】考点1　消防安全制度的种类

消防安全制度种类：
- 消防安全责任制
- 消防安全教育、培训制度
- 防火检查、巡查制度
- 消防安全疏散设施管理制度
- 消防设施器材维护管理制度
- 消防(控制室)值班制度
- 火灾隐患整改制度
- 用火、用电安全管理制度
- 灭火和应急疏散预案演练制度
- 易燃易爆危险物品和场所防火防爆管理制度
- 专职(志愿)消防队的组织管理制度
- 燃气和电气设备的检查和管理(包括防雷、防静电)制度
- 消防安全工作考评和奖惩制度

【一般考点】考点2　单位消防安全制度的落实

> (1)确定消防安全责任
> (2)定期进行消防安全检查、巡查,消除火灾隐患
> (3)组织消防安全知识宣传教育培训
> (4)开展灭火和疏散逃生演练
> (5)建立健全消防档案
> (6)消防安全重点单位"三项"报告备案制度

【重要考点】考点3　消防安全重点单位"三项"报告备案的内容

消防安全管理人员报告备案	消防安全责任人、消防安全管理人等,自确定或变更之日起5个工作日内,向当地消防机构报告备案
消防设施维护保养报告备案	设有建筑消防设施的消防安全重点单位,应当对建筑消防设施进行日常维护保养,并每年至少进行一次功能检测 提供消防设施维护保养和检测的技术服务机构,必须具有相应从业条件,并自签订维护保养合同之日起5个工作日内向当地消防机构报告备案

(续)

消防安全自我评估报告备案	评估情况应自评估完成之日起 5 个工作日内向当地消防机构报告备案,并向社会公开

第七节　消防安全重点部位

【重要考点】考点 1　消防安全重点部位的确定

> 确定消防安全重点部位,需要考虑以下几方面:
> (1) 容易发生火灾的部位
> (2) 发生火灾后对消防安全有重大影响的部位
> (3) 性质重要、发生事故影响全局的部位
> (4) 财产集中的部位
> (5) 人员集中的部位

【一般考点】考点 2　消防安全重点部位的管理

消防安全重点部位管理
- 制度管理
- 立牌管理
- 教育管理
- 档案管理
- 日常管理
- 应急备战管理

第八节　火灾隐患及重大火灾隐患

【一般考点】考点 1　火灾隐患的判定

依据《消防监督检查规定》(公安部第 120 号令)的规定,具有下列情形之一的,确定为火灾隐患:

(1) 影响人员安全疏散或者灭火救援行动,不能立即改正的
(2) 消防设施未保持完好有效,影响防火灭火功能的
(3) 擅自改变防火分区,容易导致火势蔓延、扩大的
(4) 在人员密集场所违反消防安全规定,使用、储存易燃易爆危险品,不能立即改正的
(5) 不符合城市消防安全布局要求,影响公共安全的
(6) 其他可能增加火灾实质危险性或者危害性的情形

【一般考点】考点2　重大火灾隐患的判定要素

重大火灾隐患判定要素
- 总平面布置
- 防火分隔
- 安全疏散设施及灭火救援条件
- 消防给水及灭火设施
- 防烟排烟设施
- 消防供电
- 火灾自动报警系统

【重要考点】考点3　重大火灾隐患的判定情形

可不判定为重大火灾隐患	《重大火灾隐患判定方法》(GB 35181—2017)第5.1.3条规定，下列情形不应判定为重大火灾隐患：①依法进行了消防设计专家评审，并已采取相应技术措施的；②单位、场所已停产停业或停止使用的；③不足以导致重大、特别重大火灾事故或严重社会影响的
直接判定为重大火灾隐患	根据《重大火灾隐患判定方法》(GB 35181—2017)： 6.1　生产、储存和装卸易燃易爆危险品的工厂、仓库和专用车站、码头、储罐区，未设置在城市的边缘或相对独立的安全地带

（续）

直接判定为重大火灾隐患	6.2 生产、储存、经营易燃易爆危险品的场所与人员密集场所、居住场所设置在同一建筑物内，或与人员密集场所、居住场所的防火间距小于国家工程建设消防技术标准规定值的75% 6.3 城市建成区内的加油站、天然气或液化石油气加气站、加油加气合建站的储量达到或超过GB 50156对一级站的规定 6.4 甲、乙类生产场所和仓库设置在建筑的地下室或半地下室 6.5 公共娱乐场所、商店、地下人员密集场所的安全出口数量不足或其总净宽度小于国家工程建设消防技术标准规定值的80% 6.6 旅馆、公共娱乐场所、商店、地下人员密集场所未按国家工程建设消防技术标准的规定设置自动喷水灭火系统或火灾自动报警系统 6.7 易燃可燃液体、可燃气体储罐(区)未按国家工程建设消防技术标准的规定设置固定灭火、冷却、可燃气体浓度报警、火灾报警设施 6.8 在人员密集场所违反消防安全规定使用、储存或销售易燃易爆危险品 6.9 托儿所、幼儿园的儿童用房以及老年人活动场所，所在楼层位置不符合国家工程建设消防技术标准的规定 6.10 人员密集场所的居住场所采用彩钢夹芯板搭建，且彩钢夹芯板芯材的燃烧性能等级低于GB 8624规定的A级

第九节　消防档案

【一般考点】考点1　消防档案的内容

消防安全基本情况	（1）单位基本概况和消防安全重点部位情况 （2）建筑物或者场所施工、使用或者开业前的消防设计审核、消防验收以及消防安全检查的文件、资料 （3）消防管理组织机构和各级消防安全责任人 （4）消防安全制度 （5）消防设施、灭火器材情况 （6）专职消防队、志愿消防人员及其消防装备配备情况等
消防安全管理情况	（1）公安机关消防机构依法填写制作的各类法律文书 （2）有关工作记录

【一般考点】考点2　消防档案的管理

消防档案管理 ｛
　消防档案由消防安全重点单位统一保管、备查
　消防档案要完整和安全
　消防档案分类
　消防档案检索
　消防档案销毁

第十节　消防宣传与教育培训

【一般考点】考点1　消防宣传与教育培训的原则和目标

原则	按照"政府统一领导、部门依法监管、单位全面负责、公民积极参与"的原则，实行消防安全宣传教育培训责任制
目标	树立"全民消防，生命至上"理念 激发公民关注消防安全、学习消防知识、参与消防工作的积极性和主动性 不断提升全民消防安全素质，夯实公共消防安全基础，减少火灾危害 为实现国民经济和社会发展的奋斗目标，全面建设小康社会，创造良好的消防安全环境

【一般考点】考点2　消防宣传的主要内容和形式

家庭、社区	(1)家庭成员学习掌握安全逃生自救常识，经常查找、消除家庭火灾隐患；教育未成年人不玩火；提倡家庭制订应急疏散预案并进行演练 (2)社区居民委员会、住宅小区业主委员会应建立消防安全宣传教育制度，制订居民防火公约 (3)社区居民委员会、住宅小区业主委员会应在社区、住宅小区因地制宜地设置消防宣传牌

(续)

农村	(1)乡镇政府、村民委员会应制订和完善消防安全宣传教育工作制度和村民防火公约,明确职责任务 (2)在人员相对集中的场所建立固定消防安全宣传教育阵地 (3)集中开展有针对性的消防安全宣传活动
单位	(1)建立消防安全宣传教育制度 (2)制订灭火和应急疏散预案,张贴逃生疏散路线图 (3)设置消防宣传阵地,配备消防安全宣传教育资料,经常开展消防安全宣传教育活动

【一般考点】考点3 消防教育培训的主要内容和形式

单位	(1)对新上岗和进入新岗位的职工进行上岗前培训 (2)对在岗的职工定期培训 (3)消防安全管理相关人员专业培训 (4)定期开展全员消防教育培训,落实从业人员上岗前消防安全培训制度

学校	(1) 将消防安全知识纳入教学培训内容 (2) 对学生普遍进行专题消防教育培训 (3) 结合不同课程实验课的特点和要求，对学生进行有针对性的消防教育培训 (4) 组织学生到当地消防站参观体验 (5) 每学年至少组织学生开展一次应急疏散演练 (6) 对寄宿学生进行经常性的安全用火用电教育培训和应急疏散演练

第十一节　灭火应急疏散预案

【一般考点】考点1　灭火和应急疏散预案概述

制订程序	成立编制工作组→调查研究，收集资料、客观评估→科学计算，确定人员力量和器材装备→确定灭火救援应急行动意图→严格审核，不断充实完善
内容	包括单位的基本情况、典型场所的预案、应急组织机构、火情预设、报警和接警、响应措施、应急疏散、通信联络及安全防护救护、绘制灭火和应急疏散计划图、注意事项、灭火行动等

【一般考点】考点2　灭火和应急疏散预案演练分类

$$\text{应急疏散预案演练分类}\begin{cases}\text{按组织形式划分}\begin{cases}\text{桌面演练}\\\text{实战演练}\end{cases}\\\text{按演练内容划分}\begin{cases}\text{单项演练}\\\text{综合演练}\end{cases}\\\text{按演练目的与作用划分}\begin{cases}\text{检验性演练}\\\text{示范性演练}\\\text{研究性演练}\end{cases}\end{cases}$$

【重要考点】考点3　灭火和应急疏散预案演练准备

演练准备	(1) 制订演练计划 (2) 设计演练方案 (3) 演练动员与培训 (4) 灭火和应急疏散预案演练保障

【一般考点】考点4　灭火和应急疏散预案演练总结讲评

类别	内容
现场总结讲评	由消防工作归口职能部门组织，所有承担任务的人员都应该参加
会议总结讲评	(1) 通过演练发现的主要问题 (2) 对演练准备情况的评价 (3) 对预案有关程序、内容的建议和改进意见 (4) 对训练、器材设备方面的改进意见 (5) 演练的最佳顺序和时间建议 (6) 对演练情况设置、指挥机构的意见

第十二节　建设工程施工现场的消防安全管理

【重要考点】考点1　施工现场总平面布置

> 总平面布置包括总平面布局、临时用房及临时设施的设置，此外还要划定重点区域（施工现场出入口、固定动火作业场、危险品库房）等内容
> 固定动火作业场应布置在可燃材料堆场及其加工场、易燃易爆危险品库房等全年最小频率风向的上风侧；宜布置在临时办公用房、宿舍、可燃材料库房、在建工程等全年最小频率风向的上风侧

【一般考点】考点2　防火间距的设置

临建用房与在建工程的防火间距	（1）人员住宿、可燃材料及易燃易爆危险品储存等场所严禁设置于在建工程内 （2）可燃材料堆场及其加工场、固定动火作业场与在建工程的防火间距不应小于10m （3）其他临时用房、临时设施与在建工程的防火间距不应小于6m
临建用房之间的防火间距	当办公用房、宿舍成组布置时，每组临时用房的栋数不应超过10栋，组与组之间的防火间距不应小于8m；组内临时用房之间的防火间距不应小于3.5m；当建筑构件燃烧性能等级为A级时，其防火间距可减少到3m

【一般考点】考点3　临时消防车通道的设置

临时消防车通道	（1）与在建工程、临时用房、可燃材料堆场及其加工场的距离，不宜小于5m，且不宜大于40m （2）宜为环形 （3）通道净宽度和净空高度均不应小于4m

(续)

临时消防救援场地	(1)设置在成组布置的临时用房场地的长边一侧及在建工程的长边一侧 (2)场地宽度不应小于6m,与在建工程外脚手架的净距不宜小于2m,且不宜超过6m

【一般考点】考点4　施工现场宿舍、办公用房的防火要求

构件燃烧性能等级	A级
建筑层数	不应超过3层
每层建筑面积	不应大于300m²
疏散走道	单面布置用房时,疏散走道的净宽度不应小于1.0m;双面布置用房时,疏散走道的净宽度不应小于1.5m
疏散楼梯	建筑层数为3层或每层建筑面积大于200m²时,应设置不少于2部疏散楼梯,房间疏散门至疏散楼梯的最大距离不应大于25m 疏散楼梯的净宽度不应小于疏散走道的净宽度
宿舍房间建筑面积	不应大于30m²

【重要考点】考点5　在建工程防火要求

临时疏散通道	(1) 在建工程作业场所的临时疏散通道，耐火极限不应低于0.50h (2) 设置在地面上的临时疏散通道，其净宽度不应小于1.5m (3) 临时疏散通道为坡道时，且坡度大于25°时，应修建楼梯或台阶踏步或设置防滑条 (4) 临时疏散通道侧面如为临空面，必须沿临空面设置高度不小于1.2m的防护栏杆
既有建筑进行扩建、改建施工	(1) 施工区和非施工区之间应采用不开设门、窗、洞口的耐火极限不低于3.00h的不燃烧体隔墙进行防火分隔 (2) 施工区的消防安全应配有专人值守，发生火情应能立即处置 (3) 施工单位应向居住和使用者进行消防宣传教育 (4) 外脚手架搭设不应影响安全疏散、消防车正常通行及灭火救援操作

【重要考点】考点6　施工现场临时消防设施的设置要求

临时消防给水系统	临时室外消防给水系统	(1) 临时给水管网宜布置成环状 (2) 临时室外消防给水干管的最小管径不应小于DN100

(续)

临时消防给水系统	临时室外消防给水系统	(3)室外消火栓距在建工程、临时用房和可燃材料堆场及其加工场的外边线不应小于5m (4)室外消火栓的间距不应大于120m (5)室外消火栓的最大保护半径不应大于150m
	临时室内消防给水系统	(1)消防竖管的设置,应便于消防人员操作,其数量不应少于2根 (2)消防竖管的管径应根据在建工程临时消防用水量、竖管内水流计算速度进行计算确定,且不应小于DN100 (3)消防水泵接合器应设置在室外便于消防车取水的部位,与室外消火栓或消防水池取水口的距离宜为15~40m (4)在建工程的室内消火栓接口及软管接口应设置在位置明显且易于操作的部位
临时应急照明		(1)作业场所应急照明的照度不应低于正常工作所需照度的90%,疏散通道的照度值不应小于0.5lx (2)临时消防应急照明灯具宜选用自备电源的应急照明灯具,自备电源的连续供电时间不应小于60min

【重要考点】考点7　施工现场灭火器最低配置基准

项目	固体物质火灾		液体或可熔化固体物质火灾、气体火灾	
	单具灭火器最小灭火级别	单位灭火级别最大保护面积/(m²/A)	单具灭火器最小灭火级别	单位灭火级别最大保护面积/(m²/B)
易燃、易爆危险品存放、使用场所	3A	50	89B	0.5
固定动火作业场所	3A	50	89B	0.5
临时动火作业点	2A	50	55B	0.5
可燃材料存放、加工、使用场所	2A	75	55B	1.0
厨房操作间、锅炉房	2A	75	55B	1.0
自备发电机房	2A	75	55B	1.0
变配电房	2A	75	55B	1.0
办公用房、宿舍	1A	100	—	—

【重要考点】考点8 施工现场消防安全管理内容

消防安全管理 制度内容	(1)消防安全教育与培训制度 (2)可燃及易燃易爆危险品管理制度 (3)用火、用电、用气管理制度 (4)消防安全检查制度 (5)应急预案演练制度
施工现场灭火及 应急疏散预案内容	(1)应急灭火处置机构及各级人员应急处置职责 (2)报警、接警处置的程序和通信联络的方式 (3)扑救初起火灾的程序和措施 (4)应急疏散及救援的程序和措施
消防安全 教育与培训内容	(1)施工现场消防安全管理制度、防火技术方案、灭火及应急疏散预案的主要内容 (2)施工现场临时消防设施的性能及使用、维护方法 (3)扑灭初起火灾及自救逃生的知识和技能 (4)报火警、接警的程序和方法

【重要考点】考点9　施工现场用火、用电、用气管理

用火管理	(1)施工现场动火作业前，应由动火作业人提出动火作业申请 (2)严禁在裸露的可燃材料上直接进行动火作业 (3)五级及以上风力时，应停止焊接、切割等室外动火作业 (4)施工现场不应采用明火取暖
用电管理	(1)电气设备特别是易产生高热的设备，应与可燃物、易燃易爆危险品和腐蚀性物品保持一定的安全距离 (2)有爆炸和火灾危险的场所，按危险场所等级选用相应的电气设备 (3)普通灯具与易燃物距离不宜小于300mm (4)电气设备不应超负荷运行或带故障使用
用气管理	(1)严禁使用减压器及其他附件缺损的氧气瓶，严禁使用乙炔专用减压器、回火防止器及其他附件缺损的乙炔瓶 (2)气瓶应远离火源，距火源距离不应小于10m，并应采取避免高温和防止暴晒的措施 (3)燃气储装瓶罐应设置防静电装置 (4)空瓶和实瓶同库存放时，应分开放置，两者间距不应小于1.5m

第十三节　大型群众性活动的消防安全管理

【重要考点】考点1　大型群众性活动消防安全管理工作职责

承办单位消防安全责任人的消防安全职责	（1）贯彻执行消防法规，保障承办活动消防安全符合规定，掌握活动的消防安全情况 （2）将消防工作与承办的大型群众性活动统筹安排，批准实施大型群众性活动消防安全工作方案 （3）为大型群众性活动的消防安全提供必要的经费和组织保障 （4）确定逐级消防安全责任，批准实施消防安全制度和保障消防安全的操作规程 （5）组织防火巡查、防火检查，督促落实火灾隐患整改，及时处理涉及消防安全的重大问题 （6）根据消防法规的规定建立义务消防队 （7）组织制订符合大型群众性活动实际的灭火和应急疏散预案，并实施演练等

(续)

承办单位消防安全管理人的消防安全管理工作	(1) 拟订大型群众性活动消防安全工作方案，组织实施大型群众性活动的消防安全管理工作 (2) 组织制订消防安全制度和保障消防安全的操作规程并检查督促其落实 (3) 拟订消防安全工作的资金投入和组织保障方案 (4) 组织实施防火巡查、防火检查和火灾隐患整改工作 (5) 组织实施对承办活动所需的消防设施、灭火器材和消防安全标志进行检查，确保其完好有效，确保疏散通道和安全出口畅通 (6) 组织管理志愿消防队等
灭火行动组的工作职责	(1) 结合活动举办实际，制订灭火和应急疏散预案，并报请领导小组审批后实施 (2) 实施灭火和应急疏散预案的演练，对预案存在的不合理的地方进行调整，确保预案贴近实战 (3) 对举办活动场地及相关设施组织消防安全检查，督促相关职能部门整改火灾隐患，确保活动举办安全 (4) 组织力量在活动举办现场利用现有消防装备实施消防安全保卫，确保第一时间处置火灾事故或突发性事件 (5) 发生火灾事故时，组织人员对现场进行保护，协助当地公安机关进行事故调查等

【重要考点】考点2　大型群众性活动消防安全管理的实施

前期筹备阶段	这一阶段大型群众性活动承办单位应做好的工作如下： (1) 活动场地调研 (2) 组织相关人员对活动举办场所(场地)进行消防安全检查 (3) 编制大型群众性活动消防工作方案 (4) 主要检查室内场所固定消防设施及其运行情况、消防安全通道、安全出口设置情况 (5) 了解室外场所消防设施的配置情况及消防安全通道预留情况
集中审批阶段	这一阶段大型群众性活动承办单位应做好的工作如下： (1) 领导小组对各项消防安全工作方案以及各小组的组成人员进行全面复核 (2) 对制订的灭火和应急疏散预案进行审定 (3) 对灭火和应急疏散预案组织实施实战演练，及时调整预案 (4) 对活动搭建的临时设施进行全面检查
现场保卫阶段	(1) 现场防火巡查组主要在活动举行现场重点部位进行巡查

(续)

现场保卫阶段	(2)防火巡查组按照预案要求确定现场保卫人员数量、工作中心点和巡逻范围 (3)现场灭火保卫人员在消防专用设施点进行定点守护 (4)外围流动保卫人员进行有针对性的流动巡逻

【重要考点】考点3 大型群众性活动消防安全管理的工作内容

防火巡查	在活动举办前2h进行一次防火巡查；在活动举办过程中全程开展防火巡查；活动结束时应当对活动现场进行检查，消除遗留火种 防火巡查的内容包括及时纠正违章行为，妥善处置火灾危险，发现初起火灾应当立即报警并及时扑救
防火检查	在活动前12h内进行防火检查。检查的内容包括： (1)消防机构所提意见的整改情况以及防范措施的落实情况 (2)安全疏散通道、疏散指示标志、应急照明和安全出口情况 (3)消防车道、消防水源情况 (4)灭火器材配置及有效情况

(续)

防火检查	(5) 用电设备运行情况 (6) 重点操作人员以及其他人员消防知识的掌握情况 (7) 消防安全重点部位的管理情况 (8) 易燃易爆危险物品和场所防火防爆措施的落实情况以及其他重要物资的防火安全情况 (9) 防火巡查情况 (10) 消防安全标志的设置情况和完好、有效情况
灭火和应急疏散预案	内容包括组织机构;报警和接警处置程序;应急疏散的组织程序和措施;扑救初起火灾的程序和措施;通信联络、防护救护、安全保卫的程序和措施 承办单位应当按照灭火和应急疏散预案,在活动举办前至少进行1次演练

第十四节　大型商业综合体的消防安全管理

【重要考点】考点 1　大型商业综合体的消防安全管理工作职责

消防安全责任人的职责	(1) 定期组织防火检查，督促整改火灾隐患 (2) 组织制订灭火和应急疏散预案以及定期组织实施演练 (3) 建立工作例会制度，定期召开例会
消防安全管理人的职责	(1) 管理专职消防队，组织开展日常业务训练和初起火灾扑救 (2) 确定本单位的消防安全重点位置，设置消防安全标志 (3) 拟订消防安全工作的资金投入和组织保障方案

【重要考点】考点 2　大型商业综合体的消防安全灭火应急组织

微型消防站	要求
所负责的对象及情况	大型商业综合体火灾第一时间的处置

(续)

要求队员赶赴现场的时间	3min
义务消防队的数量	一般应当≥商业综合从业人数×30%
设置的位置	设置在建筑内便于操作消防车以及队员出入部位的专用房间里,能与消防控制室共用
	给大型商业综合体建筑提供整体服务的微型消防站用房应设置在建筑的地下一层
设置的数量	大型商业综合体的建筑面积不低于200000m² 时,应设置2个及以上微型消防站
人员配置	每班灭火处置人员应当≥6人,并且不能由消防控制室值班人员兼任
值守人员在岗时间	24h
训练要求	(1)岗位练兵累计≥7d (2)每月技能训练≥0.5d (3)每年轮训≥4d

【重要考点】考点3 大型商业综合体的用火安全

	大型商业综合体火灾总数的50%是由于电气故障、使用不当以及违反规定等引起的
用火要求	(1)动火作业现场在确认无爆炸危险、火灾后才能进行作业,结束后应到现场再次检查,确认没有留下火种 (2)电气焊等明火作业前,实施动火的部门以及人员应当按制度办理动火审批手续,并且在建筑主要出口、入口和作业现场醒目位置公示 (3)电气焊工应持证上岗 (4)应在动火作业的区域采用不燃材料与使用区域、营业区域进行分隔 (5)严禁动火作业在营业时间进行

【重要考点】考点4 大型商业综合体的用电安全

用电要求	(1)应由具备相应的职业资格人员按照国家标准以及操作规程才能进行的是电气线路敷设、电气设备安装以及电气设备维修 (2)每天营业结束的时候,应切断营业场所内的不必要电源 (3)不应当直接安装在可燃材料上的有电源插座、照明开关 (4)各种灯具距离窗帘等可燃物应当≥0.5m

【重要考点】考点5 大型商业综合体消防控制室的管理

	值班人员的制度	应每天24h全天候不间断,每班应当≥2人
值班人员的管理	值班人员的职责	(1)接收到的火灾报警信号应马上以最快的速度确认,若确定发生了火灾,应马上检测消防联动控制设备是不是处于自动控制状态,并且拨打119电话报警,启动灭火和应急疏散预案 (2)随时检测消防控制室设备的运行状况,做好消防控制室火警、故障以及值班记录,对不可以及时排除的故障应及时向消防安全工作归口管理部门报告
其他管理	\multicolumn{2}{l	}{(1)禁止将消防控制室内的消防应急广播等设备挪用 (2)应在消防控制室内存放建筑总平面布局图、消防设施系统图、消防设施平面布置图,以及一套完整的消防档案 (3)消防控制室与商户之间应建设双向的信息联络沟通}

【重要考点】考点6　大型商业综合体餐饮场所的管理

设置的位置	集中布置在同一楼层的集中区域
使用的燃料	(1) 严禁使用的燃料：液化石油气和甲、乙类液体燃料 (2) 使用天然气作燃料时，应采用管道供气
不得使用燃气的情形 （满足其一即可）	(1) 餐饮场所位置在地下并且建筑面积 $>150m^2$ (2) 座位数 >75 座的餐饮场所
餐饮场所的用餐区域	不能使用明火加工食品
开放式食品加工区	应采用电加热设施
对厨房区域的要求	应靠外墙布置，并且应采用耐火极限 $\geqslant 2.00h$ 的隔墙与其他部位进行分隔
应采取散热等防火措施的情形	炉灶、烟道等设施与可燃物之间
厨房的油烟管道清洗时间	应每季度清洗 $\geqslant 1$ 次
餐饮场所营业结束	应关闭燃气设备的供气阀门

【重要考点】考点7 大型商业综合体的其他重点部位管理

儿童活动场所	设置的位置	不应当设在地下建筑内、半地下建筑内或者≥4层以上的楼层
仓储场所	（1）不能采用金属夹芯板搭建 （2）内部不能设置员工宿舍	
燃油锅炉房内设置的储油间储存量大小	总储存量应≤1m³	
柴油发电机房里的柴油发电机启动试验时间	每月启动试验≥1次	

【重要考点】考点8 大型商业综合体的安全疏散管理

疏散通道和安全出口	（1）常闭式防火门应保持常闭，门上应有正确启闭状态的标识 （2）商业营业厅、礼堂等安全出口和疏散门不能设置门槛，并且在门口内外1.4m范围内不能设置台阶 （3）常用疏散通道、货物运送通道、安全出口处的疏散门采用常开式防火门时，应确保在发生火灾时自动关闭并且反馈信号

(续)

消防应急照明以及疏散指示标识	建筑内应采用的标识	灯光疏散指示
	建筑内不能采用的标识	(1)蓄光型指示标识替代灯光疏散指示标识 (2)可变换方向的疏散指示标识
避难逃生	不能安装栅栏的位置	安全出口、疏散楼梯间、疏散通道
	不能妨碍逃生以及灭火救援的栅栏位置	楼层的窗口、阳台等
	应设置允许容纳使用人数的标志的范围	除公共娱乐场所、展览厅、营业厅以外的场所
	建筑内各个经营主体的营业时间不同时，应采取确保各场所人员安全疏散的措施	
	营业厅内疏散通道的设置要求	(1)主要疏散通道应直通安全出口 (2)营业厅里任一点到最近安全出口的直线距离要≤37.5m，并且行走距离要≤45m

【重要考点】考点9 大型商业综合体的消防安全培训

人员	培训时间要求
产权单位、使用单位和委托管理单位的消防安全管理人、负责人以及归口管理部门的负责人	应每半年接受≥1次培训
(专职、义务)消防队员、保安人员	领会基本的消防安全知识和灭火技能,并且每半年接受≥1次培训
从业人员	(1)应进行岗前培训 (2)在职期间应每6个月接受1次培训

【重要考点】考点10 大型商业综合体的消防档案

《大型商业综合体消防安全管理规则(试行)》6.12.4—6.12.5规定

安全基本情况	(1)建筑的基本概况、消防安全重点部位 (2)建筑消防设计审核、消防验收、特殊消防设计文件等材料 (3)开业前消防安全检查的相关资料 (4)消防组织、各级消防安全责任人

(续)

安全基本情况	(5) 相关消防安全责任书、租赁合同 (6) 消防安全管理制度、保证消防安全的操作规程 (7) 消防设施、器材配置情况 (8) 消防人员和消防装备配备情况 (9) 消防安全管理人、自动消防设施操作人员等操作人员的基本情况 (10) 新增消防产品、防火材料的合格证明材料 (11) 灭火、应急疏散预案
安全管理情况	(1) 消防安全例会记录或决定 (2) 住房城乡建设主管部门、消防救援机构填发的各种法律文书 (3) 消防设施定期检查记录、自动消防设施全面检查测试的报告、维修保养的记录以及委托检测、维修保养的合同 (4) 火灾隐患、重大火灾隐患和整改情况记录 (5) 消防控制室值班记录 (6) 防火巡查、检查记录 (7) 有关燃气、电气设备检测等记录资料

(续)

安全管理情况	(8)消防安全培训记录 (9)灭火、应急疏散预案的演练记录 (10)火灾情况记录 (11)消防奖惩情况记录

图书在版编目(CIP)数据

消防安全案例分析考点速记：2021 版/全国注册消防工程师资格考试试题分析小组编．—北京：机械工业出版社，2021.3

全国注册消防工程师资格考试教材配套用书

ISBN 978-7-111-67577-8

Ⅰ. ①消⋯ Ⅱ. ①全⋯ Ⅲ. ①消防 – 安全技术 – 案例 – 资格考试 – 自学参考资料 Ⅳ. ①TU998.1

中国版本图书馆 CIP 数据核字(2021)第 031605 号

机械工业出版社(北京市百万庄大街22号　邮政编码100037)
策划编辑：张　晶　责任编辑：张　晶
责任校对：刘时光　封面设计：张　静
责任印制：孙　炜
保定市中画美凯印刷有限公司印刷
2021 年 3 月第 1 版第 1 次印刷
140mm × 101mm · 4.4375 印张 · 167 千字
标准书号：ISBN 978-7-111-67577-8
定价：39.00 元

电话服务　　　　　　　网络服务
客服电话：010-88361066　机　工　官　网：www.cmpbook.com
　　　　　010-88379833　机　工　官　博：weibo.com/cmp1952
　　　　　010-68326294　金　书　网：www.golden-book.com
封底无防伪标均为盗版　机工教育服务网：www.cmpedu.com